高职高专“十二五”建筑及工程管理类专业系列规划教材

文明施工与环境保护

刘亚龙 王欣海 韩建绒 马臻奇 编 著

Construction Project

西安交通大学出版社
XI'AN JIAOTONG UNIVERSITY PRESS

内 容 提 要

实行施工现场文明施工与环境保护标准化，是加强安全生产工作的一项根本措施。现在很多施工单位在文明施工管理上的做法还很不规范，各个工地的做法也五花八门，编制本书的目的是培养基层现场管理人员，规范现场安全管理，减少安全生产事故。

本书共分为13章，其内容包括：绪论、建筑工程职业健康与环境保护控制、建筑工程施工现场平面布置、建筑工程施工临时用电、建筑工程施工临时用水、建筑工程施工现场防火、安全文明施工措施、施工安全检查、现场文明施工、建设项目竣工环境保护验收、环境政策与产业政策、某医院的文明安全施工、某基地工程的文明施工方案。

本教材既可作为高等职业教育土建类专业教材，亦可作为对相对人员的岗位培训教材和土建工程技术人员的参考书。

前言

FOREWORD

建筑工程在我国的社会和经济发展中占据着很重要的地位，施工现场是人流、物流、信息流的汇聚地，是施工管理的重点和难点，也是施工企业管理的核心内容。因此，要想实现建筑工程的高跨度长效发展，就要清楚认识到文明施工与环境保护的重要性以及改良这些问题的现实意义，只有从根本上治理这些问题，改善管理机制，研究制定相应的举措，才能确保建筑工程长远发展。

本书收集了各大建筑公司的示范工地实例，书中不仅包含完整的施工现场文明工地案例，而且严格按照《建筑施工现场环境与卫生标准》(JGJ 146—2013)以及《建筑施工安全检查标准》(JGJ 59—2011)等标准中的相关规定编写，尤其加入了环境政策及产业政策相关内容。

本书是在高等院校安全工程专业教学指导下，由甘肃建筑职业技术学院刘亚龙(第二、四、八、九、十二、十三章)、甘肃建筑职业技术学院王欣海(第一、五、七、十、十一章)、甘肃建筑职业技术学院韩建绒(第六章)、甘肃建投马臻奇(第三章)编著，刘亚龙负责全书的统稿和修订工作。在本书的编写过程中，参考了大量的文献资料，在此向文献作者们表示诚挚的谢意。

由于时间关系和编者水平有限，书中难免会有错误和疏漏之处，恳请广大读者批评指正，以便进一步修改和完善。

编　者

2014 年 9 月

目录
CONTENTS

第一章 绪论

第一节 文明施工概述

一、建筑施工

建筑施工是指工程建设实施阶段的生产活动，是各类建筑物的建造过程，也可以说是把设计图纸上的各种线条，在指定的地点变成实物的过程。它包括基础工程施工、主体结构施工、屋面工程施工、装饰工程施工等。施工作业的场所称为“建筑施工现场”或“施工现场”，也叫工地。

建筑业的施工特点如下：

(1)高处作业多。按照国家标准《高处作业分级》(GBT 3608—2008)规定划分，建筑施工中 90%以上是高处作业。

(2)露天作业多。建筑物的露天作业约占整个工作量的 70%，受到春、夏、秋、冬不同气候以及阳光、风、雨、冰雪、雷电等自然条件的影响和危害。

(3)手工劳动及繁重体力劳动多。建筑业大多数工种至今仍是手工操作，容易使人疲劳、分散注意力、误操作多易导致事故的发生。

(4)立体交叉作业多。建筑产品结构复杂，工期较紧，必须多单位、多工种相互配合，立体交叉施工，如果管理不好、衔接不当、防护不严，就有可能造成相互伤害。

(5)临时员工多。目前在工地第一线作业的工人中，农民工约占 50%～70%，有的工地高达 95%。

以上这些特点决定了建筑工程的施工过程是个危险大、突发性强、容易发生伤亡事故的生产过程。因此，必须加强施工过程的安全管理与安全技术措施。

二、文明施工

文明施工是指保持施工场地整洁、卫生，施工组织科学，施工程序合理的一种施工活动。

文明施工的基本条件包括：有整套的施工组织设计(或施工方案)，有严格的成品保护措施和制度，大小临时设施和各种材料、构件、半成品按平面布置堆放整齐，施工场地平整，道路畅通，排水设施得当，水电线路整齐，机具设备状况良好，使用合理，施工作业符合消防和安全要求。

文明施工的特点如下：在项目施工中，为了使工程能够安全、顺利地开展，尽可能发挥每个职工的工作积极性，确保每个生产人员的安全，做到“高高兴兴上班来，平平安安回家去”，必须加强施工现场的安全管理，项目部和各施工作业处共同努力，创造一个良好的、安全文明的工作环境。

第二节 环境保护管理

一、环境

环境总是相对于某一中心事物而言的。环境因中心事物的不同而不同，随中心事物的变化而变化。我们通常所称的环境就是指人类的环境。人类环境分为自然环境和社会环境。

自然环境亦称地理环境，是指环绕于人类周围的自然界。它包括大气、水、土壤、生物和各种矿物资源等。自然环境是人类赖以生存和发展的物质基础。在自然地理学上，通常把这些构成自然环境总体的因素，分别划分为大气圈、水圈、生物圈、土圈和岩石圈等五个自然圈。

社会环境是指人类在自然环境的基础上，为不断提高物质和精神生活水平，通过长期有计划、有目的的发展，逐步创造和建立起来的人工环境，如城市、农村、工矿区等。社会环境的发展和演替，受自然规律、经济规律以及社会规律的支配和制约，其质量是人类物质文明建设和精神文明建设的标志之一。

二、环境保护

环境保护是指人类为解决现实或潜在的环境问题，协调人类与环境的关系，保护人类生存环境、保障经济社会的可持续发展而采取的各种行动的总称。其方法和手段有工程技术的、行政管理的，也有法律的、经济的、宣传教育的等。

三、环境保护管理

(1)环境保护已成为当今世界各国政府和人民的共同行动和主要任务之一。我国则把环境保护作为我国的一项基本国策，并制定和颁布了一系列环境保护的法律、法规，以保证这一基本国策的贯彻执行。

(2)在全球范围内都不同程度地出现了环境污染问题，具有全球影响的方面有大气环境污染、海洋污染、城市环境问题等。随着经济和贸易的全球化，环境污染也日益呈现国际化趋势，危险废物越境转移问题就是这方面的突出表现。

(3)根据国家“全面规划、合理布局、综合利用、化害为利、依靠群众，大家动手、保护环境、造福人民”的环境保护工作方针，建筑施工期间必须遵守国家和地方所有关于控制环境污染的法律和法规，采取有效的措施防止施工中的燃料、油、沥青、化学物质、污水、废料、垃圾等有害物质对河流、水库的污染，防止扬尘、汽车尾气、工业废气等有害气体对大气的污染，防止噪音污染，在居民生活区的施工，一般情况下把作业时间限定在7:00～20:00时，避免深夜间作业。

第二章 建筑工程职业健康与环境保护控制

第一节 施工现场环境保护

施工企业应提高环境保护意识，加强现场环境保护，做到施工与环境和谐健康发展。

一、建筑工程施工环境影响因素的识别与评价

（1）建筑工程施工应从噪声排放、粉尘排放、有毒有害物质排放、废水排放、固体废弃物处置、潜在的油品化学品泄漏、潜在的火灾爆炸和能源浪费等方面着手进行环境影响因素的识别。

（2）建筑工程施工应根据环境影响的规模、严重程度、发生的频率、持续的时间、社区关注程度和法规限定等情况对识别出的环境影响因素进行分析和评价，找出对环境有重大影响或潜在重大影响的重要环境影响因素，并采取切实可行的措施对其进行控制，减少有害的环境影响，降低工程建造成本，提高环保效益。

二、建筑工程施工对环境的常见影响

（1）施工机械作业，模板支拆、清理与修复作业，脚手架安装与拆除作业等产生的噪声污染。

（2）施工场地平整作业，土、灰、砂、石搬运及存放，混凝土搅拌作业等产生的粉尘排放。

（3）现场渣土、商品混凝土、生活垃圾、建筑垃圾、原材料运输等过程中产生的遗撒。

（4）现场油品、化学品库房、作业点产生的油品、化学品泄漏等。

（5）现场废弃的涂料桶、油桶、油手套、机械维修保养废液废渣等产生的有毒有害废弃物污染。

（6）城区施工现场夜间照明造成的光污染。

（7）现场生活区、库房、作业点等处发生的火灾、爆炸。

（8）现场食堂、厕所、搅拌站、洗车点等处产生的生活、生产污水污染。

（9）现场钢材、木材等主要建筑材料的消耗。

（10）现场用水、用电等的消耗。

三、建筑工程施工现场环境保护的要求

（1）施工现场必须建立环境保护、环境卫生管理和检查制度，并作好检查记录。对施工现场作业人员的教育培训、考核应包括环境保护、环境卫生等有关法律、法规的内容。

(2)在城市市区范围内从事建筑工程施工,项目必须在工程开工十五日以前向工程所在地县级以上地方人民政府环境保护管理部门申报登记。

(3)施工期间应遵照《中华人民共和国建筑施工场界噪声限值》制定的降噪措施。确需夜间施工的,应办理夜间施工许可证明,并公告附近社区居民。

(4)尽量避免或减少施工过程中的光污染。夜间室外照明灯应加设灯罩,透光方向集中在施工范围。电焊作业采取遮挡措施,避免电焊弧光外泄。

(5)施工现场污水排放要与所在地县级以上人民政府市政管理部门签署污水排放许可协议,申领《临时排水许可证》。雨水排入市政雨水管网,污水经沉淀处理后二次使用或排入市政污水管网。施工现场泥浆、污水未经处理不得直接排入城市排水设施和河流、湖泊、池塘。

(6)施工现场存放化学品等有毒材料、油料,必须对库房进行防渗漏处理,储存和使用都要采取措施,防止渗漏,污染土壤水体。施工现场设置的食堂,用餐人数在100人以上的,应设置简易有效的隔油池,加强管理,专人负责定期除油。

(7)施工现场产生的固体废弃物应在所在地县级以上地方人民政府环卫部门申报登记,分类存放。建筑垃圾和生活垃圾应与所在地垃圾消纳中心签署环保协议,及时清运处置。有毒有害废弃物应运送到专门的有毒有害废弃物中心消纳。

(8)施工现场的主要道路必须进行硬化处理,土方应集中堆放。裸露的场地和集中堆放的土方应采取覆盖、固化或绿化等措施。施工现场土方作业应采取防止扬尘措施。

(9)拆除建筑物、构筑物时,应采用隔离、洒水等措施,并应在规定期限内将废弃物清理完毕。建筑物内施工垃圾的清运,必须采用相应的容器或管道运输,严禁凌空抛掷。

(10)施工现场使用的水泥和其他易飞扬的细颗粒建筑材料应密闭存放或采取覆盖等措施。混凝土搅拌场所应采取封闭、降尘措施。

(11)除有符合规定的装置外,施工现场内严禁焚烧各类废弃物,禁止将有毒有害废弃物作土方回填。

(12)在居民和单位密集区域进行爆破、打桩等施工作业前,项目经理部除按规定报告申请批准外,还应将作业计划、影响范围、程度及有关措施等情况,向有关的居民和单位通报说明,取得协作和配合;对施工机械的噪声与振动扰民,应有相应的措施予以控制。

(13)经过施工现场的地下管线,应由发包人在施工前通知承包人,标出位置,加以保护。

(14)施工时发现文物、古迹、爆炸物、电缆等,应当停止施工,保护好现场,及时向有关部门报告,按照有关规定处理后方可继续施工。

(15)施工中需要停水、停电、封路而影响环境时,必须经有关部门批准,事先告示,并设有标志。

第二节　施工现场卫生与防疫

施工企业应加强现场的卫生与防疫工作,改善作业人员的工作环境与生活条件,防止施工过程中各类疾病的发生,保障作业人员的身体健康和生命安全。

一、施工现场卫生与防疫的基本要求

(1)施工企业应根据法律、法规的规定,制定施工现场的公共卫生突发事件应急预案。

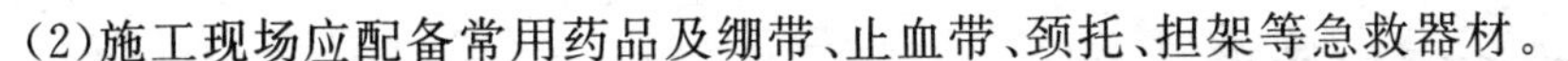

(2)施工现场应配备常用药品及绷带、止血带、颈托、担架等急救器材。

(3)施工现场应结合季节特点,做好作业人员的饮食卫生和防暑降温、防寒取暖、防煤气中毒、防疫等各项工作。

(4)施工现场应设专职或兼职保洁员,负责现场日常的卫生清扫和保洁工作。现场办公区和生活区应采取灭鼠、灭蚊、灭蝇、灭蟑螂等措施,并应定期投放和喷洒灭虫、消毒药物。

(5)施工现场办公室内布局应合理,文件资料宜归类存放,并应保持室内清洁卫生。

(6)施工现场生活区内应设置开水炉、电热水器或饮用水保温桶,施工区应配备流动保温水桶,水质应符合饮用水安全卫生要求。

➢二、现场宿舍的管理

(1)现场宿舍必须设置可开启式窗户,宿舍内的床铺不得超过2层,严禁使用通铺。

(2)现场宿舍内应保证有充足的空间,室内净高不得小于2.4m,通道宽度不得小于0.9m,每间宿舍居住人员不得超过16人。

(3)现场宿舍内应设置生活用品专柜,门口应设置垃圾桶。

(4)现场生活区内应提供为作业人员晾晒衣物的场地。

➢三、现场食堂的管理

(1)现场食堂应设置在远离厕所、垃圾站、有毒有害场所等有污染源的地方。

(2)现场食堂应设置独立的制作间、储藏间,门扇下方应设不低于0.2m的防鼠挡板,配备必要的排风设施和冷藏设施,燃气罐应单独设置存放间,存放间应通风良好并严禁存放其他物品。

(3)现场食堂的制作间灶台及其周边应铺贴瓷砖,所贴瓷砖高度不宜小于1.5m,地面应作硬化和防滑处理,炊具宜存放在封闭的橱柜内,刀、盆、案板等炊具应生熟分开,炊具、餐具和公用饮水器具必须清洗消毒。

(4)现场食堂储藏室的粮食存放台距墙和地面应大于0.2m,食品应有遮盖,遮盖物品应有正反面标识,各种作料和副食应存放在密闭器皿内,并应有标识。

(5)现场食堂外应设置密闭式泔水桶,并应及时清运。

(6)现场食堂必须办理卫生许可证,炊事人员必须持身体健康证上岗,上岗应穿戴洁净的工作服、工作帽和口罩,应保持个人卫生,不得穿工作服出食堂,非炊事人员不得随意进入制作间。

➢四、现场厕所的管理

(1)现场应设置水冲式或移动式厕所,厕所大小应根据作业人员的数量设置。

(2)现场厕所地面应硬化,门窗应齐全。

(3)现场厕所应设专人负责清扫、消毒,化粪池应及时清掏。

➢五、现场淋浴间的管理

淋浴间内应设置满足需要的淋浴喷头,盥洗设施应设置满足作业人员使用的盥洗池,并应使用节水器具。

六、现场文体活动室的管理

文体活动室应配备电视机、书报、杂志等文体活动设施、用品。

七、现场食品卫生与防疫

(1)施工现场应加强食品、原料的进货管理,食堂严禁购买和出售变质食品。

(2)施工作业人员如发生法定传染病、食物中毒或急性职业中毒时,必须要在2小时内向施工现场所在地建设行政主管部门和卫生防疫等部门进行报告,并应积极配合调查处理。

(3)施工作业人员如患有法定传染病时,应及时进行隔离,并由卫生防疫部门进行处置。

第三节 建筑工程文明施工

建筑工程施工现场是企业对外的"窗口",直接关系到企业和城市的文明与形象。施工现场应当实现科学管理,安全生产,文明有序施工。

一、现场文明施工管理的主要内容

(1)抓好项目文化建设。

(2)规范场容,保持作业环境整洁卫生。

(3)创造文明有序安全生产的条件。

(4)减少对居民和环境的不利影响。

二、现场文明施工管理的基本要求

(1)建筑工程施工现场应当做到围挡、大门、标牌标准化、材料码放整齐化(按照平面布置图确定的位置集中码放)、安全设施规范化、生活设施整洁化、职工行为文明化,工作生活秩序化。

(2)建筑工程施工要做到工完场清、施工不扰民、现场不扬尘、运输无遗撒、垃圾不乱放,努力营造良好的施工作业环境。

三、现场文明施工管理的控制要点

(1)施工现场出入口应标有企业名称或企业标识,主要出入口明显处应设置工程概况牌,大门内应设置施工现场总平面图和安全生产、消防保卫、环境保护、文明施工和管理人员名单及监督电话牌等制度牌。

(2)施工现场必须实施封闭管理,现场出入口应设门卫室,场地四周必须采用封闭围挡,围挡要坚固、整洁、美观,并沿场地四周连续设置。一般路段的围挡高度不得低于1.8m,市区主要路段的围挡高度不得低于2.5m。

(3)施工现场的场容管理应建立在施工平面图设计的合理安排和物料器具定位管理标准化的基础上,项目经理部应根据施工条件,按照施工总平面图、施工方案和施工进度计划的要求,进行所负责区域的施工平面图的规划、设计、布置、使用和管理。

(4)施工现场的主要机械设备、脚手架、密目式安全网与围挡、模具、施工临时道路、各种管

线、施工材料制品堆场及仓库、土方及建筑垃圾堆放区、变配电间、消火栓、警卫室、现场的办公、生产和临时设施等的布置，均应符合施工平面图的要求。

(5)施工现场的施工区域应与办公、生活区划分清晰，并应采取相应的隔离防护措施。施工现场的临时用房应选址合理，并应符合安全、消防要求和国家有关规定。在建工程内严禁住人。

(6)施工现场应设置办公室、宿舍、食堂、厕所、淋浴间、开水房、文体活动室、密闭式垃圾站(或容器)及盥洗设施等临时设施，临时设施所用建筑材料应符合环保、消防要求。

(7)施工现场应设置畅通的排水沟渠系统，保持场地道路的干燥坚实，泥浆和污水未经处理不得直接排放。施工场地应硬化处理，有条件时，可对施工现场进行绿化布置。

(8)施工现场应建立现场防火制度和火灾应急响应机制，落实防火措施，配备防火器材。明火作业应严格执行动火审批手续和动火监护制度。高层建筑要设置专用的消防水源和消防立管，每层留设消防水源接口。

(9)施工现场应设宣传栏、报刊栏，悬挂安全标语和安全警示标志牌，加强安全文明施工宣传。

(10)施工现场应加强治安综合治理和社区服务工作，建立现场治安保卫制度，落实好治安防范措施，避免失盗、扰民事件的发生。

第四节　建筑工程职业病防范

一、建筑工程施工主要职业危害种类

(1)粉尘危害。
(2)噪声危害。
(3)高温危害。
(4)振动危害。
(5)密闭空间危害。
(6)化学毒物危害。
(7)其他因素危害。

二、建筑工程施工易发的职业病类型

(1)矽尘肺。例如：碎石设备作业、爆破作业。
(2)水泥尘肺。例如：水泥搬运、投料、拌和。
(3)电焊尘肺。例如：手工电弧焊、气焊作业。
(4)锰及其化合物中毒。例如：手工电弧焊作业。
(5)氮氧化物中毒。例如：手工电弧焊、电渣焊、气割、气焊作业。
(6)一氧化碳中毒。例如：手工电弧焊、电渣焊、气割、气焊作业。
(7)苯中毒。例如：油漆作业、防腐作业。
(8)甲苯中毒。例如：油漆作业、防水作业、防腐作业。
(9)二甲苯中毒。例如：油漆作业、防水作业、防腐作业。

(10)中暑。例如:高温作业。

(11)手臂振动病。例如:操作混凝土振动棒、风镐作业。

(12)接触性皮炎。例如:混凝土搅拌机械作业、油漆作业、防腐作业。

(13)电光性皮炎。例如:手工电弧焊、电渣焊、气割作业。

(14)电光性眼炎。例如:手工电弧焊、电渣焊、气割作业。

(15)噪声致聋。例如:木工圆锯、平刨操作,无齿锯切割作业,卷扬机操作,混凝土振捣作业。

(16)苯致白血病。例如:油漆作业、防腐作业。

三、职业病的预防

(一)工作场所的职业卫生防护与管理要求

(1)危害因素的强度或者浓度应符合国家职业卫生标准。

(2)有与职业病危害防护相适应的设施。

(3)现场施工布局合理,符合有害与无害作业分开的原则。

(4)有配套的卫生保健设施。

(5)设备、工具、用具等设施符合保护劳动者生理、心理健康的要求。

(6)法律、法规和国务院卫生行政主管部门关于保护劳动者健康的其他要求。

(二)生产过程中的职业卫生防护与管理要求

(1)要建立健全职业病防治管理措施。

(2)要采取有效的职业病防护设施,为劳动者提供个人使用的职业病防护用具、用品。防护用具、用品必须符合防治职业病的要求,不符合要求的,不得使用。

(3)应优先采用有利于防治职业病和保护劳动者健康的新技术、新工艺、新材料、新设备,不得使用国家明令禁止使用的可能产生职业病危害的设备或材料。

(4)应书面告知劳动者工作场所或工作岗位所产生或者可能产生的职业病危害因素、危害后果和应采取的职业病防护措施。

(5)应对劳动者进行上岗前的职业卫生培训和在岗期间的定期职业卫生培训。

(6)对从事接触职业病危害作业的劳动者,应当组织在上岗前、在岗期间和离岗时的职业健康检查。

(7)不得安排未经上岗前职业健康检查的劳动者从事接触职业病危害的作业,不得安排有职业禁忌的劳动者从事其所禁忌的作业。

(8)不得安排未成年工从事接触职业病危害的作业,不得安排孕期、哺乳期的女职工从事对本人和胎儿、婴儿有危害的作业。

(9)用于预防和治理职业病危害、工作场所卫生检测、健康监护和职业卫生培训等费用,按照国家有关规定,应在生产成本中据实列支,专款专用。

(三)劳动者享有的职业卫生保护权利

(1)有获得职业卫生教育、培训的权利。

(2)有获得职业健康检查、职业病诊疗、康复等职业病防治服务的权利。

(3)有了解工作场所产生或者可能产生的职业病危害因素、危害后果和应当采取的职业病

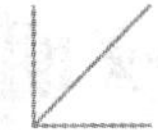

防护措施的权利。

(4)有要求用人单位提供符合防治职业病要求的职业病防护设施和个人使用的职业病防护用具、用品,改善工作条件的权利。

(5)对违反职业病防治法律、法规以及危及生命健康的行为有提出批评、检举和控告的权利。

(6)有拒绝违章指挥和强令进行没有职业病防护措施作业的权利。

(7)参与用人单位职业卫生工作的民主管理,对职业病防治工作有提出意见和建议的权利。

第五节　绿色建筑与绿色施工

绿色建筑是指在建筑的全寿命周期内,最大限度地进行节约资源(节能、节地、节水、节材)、保护环境和减少污染,为人们提供健康、适用和高效的使用空间和与自然和谐共生的建筑。

绿色施工是指工程建设中,在保证质量、安全等基本要求的前提下,通过科学管理和技术进步,最大限度地进行节约资源(节材、节水、节能、节地)与减少对环境负面影响的施工活动。

一、绿色建筑评价标准

(一)《绿色建筑评价标准》(GB /T 50378—2006)的特点

这一标准是我国第一部多目标、多层次的绿色建筑综合评价标准。其具体含义如下:

(1)多目标——节能、节地、节水、节材、环境、运营;

(2)多层次——控制项、一般项、优选项,一级指标、二级指标;

(3)综合性——最终定级是在分别考虑各目标的基础上综合制定,集成了规划、建筑、结构、暖通空调、给水排水、建材、智能、环保、景观绿化等多专业知识和技术。

1. 适用范围

《绿色建筑评价标准》适用于新建、扩建与改建的住宅建筑和公共建筑中的办公建筑、商场建筑和旅馆建筑。目前已发展至对学校、医院、场馆乃至工业建筑绿色建筑标识的评定。

2. 评定时段

绿色建筑定义中突出全寿命周期,含规划、设计、施工、运营、维修、拆解及废弃物处理各过程,评价标准提出了对规划、设计与施工阶段进行过程控制。

实际操作按不同工程进展阶段分为“绿色建筑设计评价标识”(评价处于规划设计阶段与施工阶段的住宅与公共建筑)、“绿色建筑评价标识”(评价已竣工并投入使用一年以上的住宅与公共建筑)。

3. 适用性

发展绿色建筑的初衷是针对面大量广的建筑,而不是高端建筑,所以《绿色建筑评价标准》强调的是适用技术、常规产品,造就的绿色建筑不是高科技的堆砌,涉及的成本增量是有限的。如节能设计就注重被动设计,强调建筑朝向、体型、窗墙比;再生能源注意太阳能与地热的利用;节水强调节水器具、设备和非传统水源(雨水和中水)的利用;节材强调利用商品混凝土、高强度钢、高性能混凝土、建筑垃圾等。

4. 指标体系

绿色建筑评价指标体系由节地与室外环境、节能与能源利用、节水与水资源利用、节材与材料资源利用、室内环境质量和运营管理等六类指标组成。每类指标包括控制项、一般项与优选项。绿色建筑评价的必备条件应为全部满足《绿色建筑评价标准》(GB/T 50378—2006)控制项要求。按满足一般项数和优选项数的程度,绿色建筑划分为三个等级,等级按表2-1、表2-2确定。

表2-1　划分绿色建筑等级的项数要求(住宅建筑)

等级	一般项数(共40项)						优选项数(共6项)
	节地与室外环境(共9项)	节能与能源利用(共5项)	节水与水资源利用(共7项)	节材与材料资源利用(共6项)	室内环境质量(共5项)	运营管理(共8项)	
★	4	2	3	3	2	5	—
★★	6	3	4	4	3	6	2
★★★	7	4	6	5	4	7	4

表2-2　划分绿色建筑等级的项数要求(公共建筑)

等级	一般项数(共43项)						优选项数(共6项)
	节地与室外环境(共8项)	节能与能源利用(共10项)	节水与水资源利用(共6项)	节材与材料资源利用(共5项)	室内环境质量(共7项)	运营管理(共7项)	
★	3	5	2	2	2	3	—
★★	5	6	3	3	4	4	6
★★★	7	8	4	4	6	6	13

5. 评价方法

通过条数计数法,评出最后的等级。方法简单易用,六大指标相对独立,不能串用。评价结果体现出在六个基本绿色性能方面一定的均衡性。具体要求见表2-1和表2-2。

6. 定性定量相结合

《绿色建筑评价标准》条文定性多,定量少。囿于基础研究的薄弱或内涵的约束,较多的条文局限于定性判别,有些内容已有经验数据和测试依据,可作定量规定。基于工程技术人员习惯于定量标准及其可操作性强的需求,今后应努力增加定量内容。

7. 因地制宜

因地制宜是绿色建筑的灵魂,即要根据当地的气候、环境、资源、经济和文化五大要素,按照评价标准来制定切实可行的技术措施和选用产品。如在少水和缺水地区,就不要求雨水利用;对日照时间短、太阳能辐射强度差的地区就不强调太阳能利用;对夏热冬暖地区就不考虑采暖的相关要求。具体做法是该条文可不参与评价,参评的总项数相应减少,等级划分时对项

数的要求可按原比例调整确定。

(二)绿色建筑的发展动向

(1)扩大原标准的适用范围,已从原定的住宅、公建(办公、商厦、宾馆)开始推广到学校、医院、体育场馆、科技馆、展览中心等建筑。

(2)从早期的新建建筑发展到既有建筑的改造均提出申报绿色建筑的要求。

(3)从原有的普通建筑到现在发展势头较快的超高层建筑(有些还是城市的标志工程)。

(4)从原有的民用建筑已拓展到工业建筑(已编制完成绿色工业建筑评价导则并开始试评)。

(5)一百个左右获得住房和城乡建设部认可的绿色建筑设计标识的项目逐步开始运营标识的认定。

(6)对部分公共建筑不仅要获得绿色建筑标识,还要实施能效标识。

(7)绿色建筑已从"四节一环保"发展到建筑碳排放计量分析。

➢二、绿色施工要点

绿色施工应对整个施工过程实施动态管理,加强对施工策划、施工准备、材料采购、现场施工、工程验收等各阶段的管理和监督。

(一)环境保护技术要点

国家环保部门认为建筑施工产生的尘埃占城市尘埃总量的30%以上,此外建筑施工还在噪声、水污染、土污染等方面存在较多问题,所以环保是绿色施工中显著的一个问题。针对这一问题应采取有效措施,降低环境负荷,保护地下设施和文物等资源。

(二)节材与材料资源利用技术要点

节材是四节的重点,是针对我国工程界的现状而必须实施的重点问题。

(1)审核节材与材料资源利用的相关内容,降低材料损耗率;合理安排材料的采购、进场时间和批次,减少库存;应就地取材,装卸方法得当,防止损坏和遗撒;减少和避免二次搬运。

(2)推广使用商品混凝土和预拌砂浆、高强钢筋和高性能混凝土,减少资源消耗。推广钢筋专业化加工和配送,优化钢结构制作和安装方案,装饰贴面类材料在施工前应进行总体排版策划,减少资源损耗。采用非木质的新材料或人造板材代替木质板材。

(3)门窗、屋面、外墙等围护结构选用耐候性及耐久性良好的材料,施工确保密封性、防水性和保温隔热性,并减少材料浪费。

(4)应选用耐用、维护与拆卸方便的周转材料和机具。模板应以节约自然资源为原则,推广采用外墙保温板替代混凝土施工模板的技术。

(5)现场办公和生活用房采用周转式活动房。现场围挡应最大限度地利用已有围墙,或采用装配式可重复使用围挡封闭。工地临时用房、临时围挡材料的可重复使用率应尽可能达到70%。

(三)节水与水资源利用的技术要点

(1)施工中应采用先进的节水施工工艺。

(2)现场搅拌用水、养护用水应采取有效的节水措施,严禁无措施浇水养护混凝土。现场机具、设备、车辆冲洗用水必须设立循环用水装置。

(3)项目临时用水应使用节水型产品，对生活用水与工程用水确定用水定额指标，并分别计量管理。

(4)现场机具、设备、车辆冲洗、喷洒路面、绿化浇灌等用水，优先采用非传统水源，尽量不使用市政自来水。施工中非传统水源和循环水的再利用量应尽可能大于30%。

(5)现场施工时应采用隔水性能好的边坡支护技术。在缺水地区或地下水位持续下降的地区，基坑降水尽可能少地抽取地下水；当基坑开挖抽水量大于50万立方米时，应进行地下水回灌，并避免地下水被污染。

(四)节能与能源利用的技术要点

(1)制定合理的施工能耗指标，提高施工能源利用率；根据当地气候和自然资源条件，充分利用太阳能、地热等可再生能源。

(2)优先使用国家、行业推荐的节能、高效、环保的施工设备和机具。合理安排工序，提高各种机械的使用率和满载率，降低各种设备的单位耗能。优先考虑耗用电能的或其他能耗较少的施工工艺。

(3)临时设施宜采用节能材料，墙体、屋面使用隔热性能好的材料，减少夏天空调、冬天取暖设备的使用时间及耗能量。

(4)临时用电优先选用节能电线和节能灯具，照明设计以满足最低照度为原则，照度不应超过最低照度的20%。合理配置采暖、空调、风扇数量，规定使用时间，实行分段分时使用，节约用电。

(5)施工现场分别设定生产、生活、办公和施工设备的用电控制指标，定期进行计量、核算、对比分析，并制定预防与纠正措施。

(五)节地与施工用地保护的技术要点

(1)临时设施的占地面积应按用地指标所需的最低面积设计。要求平面布置合理、紧凑，在满足环境、职业健康与安全及文明施工要求的前提下尽可能减少废弃地和死角，临时设施占地面积有效利用率应尽可能大于90%。

(2)应对深基坑施工方案进行优化，减少土方开挖和回填量，最大限度地减少对土地的扰动，保护周边自然生态环境。

(3)红线外临时占地应尽量使用荒地、废地，少占用农田和耕地。利用和保护施工用地范围内原有的绿色植被。

(4)施工总平面布置应做到科学、合理，充分利用原有建筑物、构筑物、道路、管线为施工服务。

(5)施工现场道路按照永久道路和临时道路相结合的原则布置。施工现场内应形成环形通路，并尽量减少道路占用土地。

(六)发展绿色施工的新技术、新设备、新材料与新工艺

(1)施工方案应建立推广、限制、淘汰公布制度和管理办法。应大力发展适合绿色施工的资源利用技术与环境保护技术，对落后的施工方案进行限制或淘汰，鼓励绿色施工技术的发展，推动绿色施工技术的创新。

(2)大力发展现场监测技术、低噪声的施工技术、现场环境参数检测技术、自密实混凝土施工技术、清水混凝土施工技术、建筑固体废弃物再生产品在墙体材料中的应用技术、新型模板

及脚手架技术的研究与应用。

（3）加强信息技术应用，如绿色施工的虚拟现实技术、三维建筑模型的工程量自动统计、绿色施工组织设计数据库建立与应用系统、数字化工地、基于电子商务的建筑工程材料、设备与物流管理系统等。通过应用信息技术，进行精密规划、设计、精心建造和优化集成，实现与提高绿色施工的各项指标。

第三章 建筑工程施工现场平面布置

第一节 施工平面图设计

根据项目总体施工部署，绘制现场不同施工阶段(期)总平面布置图，通常有基础工程施工总平面、主体结构工程施工总平面、装饰工程施工总平面等。

➢一、施工总平面图的设计内容

(1)项目施工用地范围内的地形状况；

(2)全部拟建(构)筑物和其他基础设施的位置；

(3)项目施工用地范围内的加工设施、运输设施、存储设施、供电设施、供水供热设施、排水排污设施、临时施工道路和办公用房生活用房；

(4)施工现场必备的安全、消防、保卫和环保设施；

(5)相邻的地上、地下既有建(构)筑物及相关环境。

➢二、施工总平面图设计原则

(1)平面布置科学合理，施工场地占用面积少；

(2)合理组织运输，减少二次搬运；

(3)施工区域的划分和场地的临时占用应符合总体施工部署和施工流程的要求，减少相互干扰；

(4)充分利用既有建(构)筑物和既有设施为项目施工服务，降低临时设施的建造费用；

(5)临时设施应方便生产和生活，办公区、生活区、生产区宜分离设置；

(6)符合节能、环保、安全和消防等要求；

(7)遵守当地主管部门和建设单位关于施工现场安全文明施工的相关规定。

➢三、施工总平面图设计要点

1.设置大门，引入场外道路

施工现场宜考虑设置两个以上大门。大门应考虑周边道路情况、转弯半径和坡度限制，大门的高度和宽度应满足车辆运输需要，尽可能应与加工场地、仓库的位置要求一致。

2.布置大型机械设备

布置塔吊时，应考虑其覆盖范围、可吊物件的运输和堆放；布置混凝土泵的位置时，应考虑泵管的输送距离、混凝土罐车行走方便。

3. 布置仓库、堆场

仓库、堆场一般应接近使用地点，其纵向宜与交通线路平行，货物装卸需要时间长的仓库应远离路边。

4. 布置加工厂

布置加工厂时的指导思想是应使材料和构件的运输量小，有关联的加工厂适当集中。

5. 布置内部临时运输道路

施工现场的主要道路必须进行硬化处理，主干道应有排水措施，临时道路要把仓库、加工厂、堆场和施工点贯穿起来，按货运量大小设计双行干道或单行循环道满足运输和消防要求。主干道的宽度单行道不小于4m，双行道不小于6m。木材场两侧应有6m宽通道，端头处应有12m×12m回车场，消防车道不小于4m，载重车转弯半径不宜小于15m。

6. 布置临时房屋

(1)尽可能利用已建的永久性房屋为施工服务，如不足，再修建临时房屋。临时房屋应尽量利用可装拆的活动房屋。有条件的应使生活办公区和施工区相对独立。宿舍内应保证有必要的生活空间，室内净高不得小于2.4m，通道宽度不得小于0.9m，每间宿舍居住人员不得超过16人。

(2)办公用房宜设在工地入口处。

(3)作业人员宿舍一般宜设在场外，并避免设在有健康隐患的地方。作业人员用的生活福利设施，宜设在人员较集中的地方，或设在出入必经之处。

(4)食堂宜布置在生活区，也可视条件设在施工区与生活区之间；为减少临时建筑，也可采用送餐制。

7. 布置临时水电管网

临时总变电站应设在高压线进入工地处，尽量避免高压线穿过工地。临时水池、水塔应设在用水中心和地势较高处。管网一般沿道路布置，供电线路应避免与其他管道设在同一侧。要将支线引到所有使用地点。

正式施工总平面图按正式绘图规则、比例、规定代号和规定线条绘制，把设计的各类内容一一标绘在图上，标明圈名、图例、比例尺、方向标记和必要的文字说明。

第二节　施工平面图管理

一、流程化管理

施工总平面图应随施工组织设计内容一起报批。

二、施工平面图现场管理要点

1. 目的

施工平面图现场管理的目的是：使场容美观、整洁，道路畅通，材料放置有序，施工有条不紊，安全有效；利益相关者都满意，赢得广泛的社会信誉；现场各种活动得以良好开展；贯彻相关法律法规，处理好各相关方的工作关系。

2.总体要求

施工平面图现场管理的总体要求为:文明施工,安全有序,整洁卫生,不扰民,不损害公众利益。

3.出入口管理

现场大门应设置警卫岗亭,安排警卫人员24小时值班,检查人员出入证、材料运输单、安全管理等。根据《建筑施工现场环境与卫生标准》(JGJ 146—2013)规定:施工现场出入口应标有企业名称或企业标识,主要出入口明显处应设置工程概况牌,施工现场大门内应有施工现场总平面图和安全管理、环境保护与绿色施工、消防保卫等制度牌和宣传栏。

4.规范场容

(1)施工平面图设计的科学合理化、物料堆放与机械设备定位标准化,保证施工现场场容规范化。

(2)在施工现场周边按规范要求设置临时维护设施。

(3)现场内沿路设置畅通的排水系统。

(4)现场道路主要场地作硬化处理。

(5)设专人清扫办公区和生活区,并对施工作业区和临时道路洒水和清扫。

(6)建筑物内施工垃圾的清运,必须采用相配容器或管道运输,严禁凌空抛掷。

5.环境保护

工程施工可能对环境造成的影响有:大气污染、室内空气污染、水污染、土壤污染、噪声污染、光污染、垃圾污染等。对这些污染均应按有关环境保护的法规和相关规定进行防治。

6.消防保卫

(1)必须按照《中华人民共和国消防法》的规定,建立和执行消防管理制度。

(2)现场道路应符合施工期间消防要求。

(3)设置符合要求的防火报警系统。

(4)在火灾易发生地区施工和储存、使用易燃易爆器材,应采取特殊消防安全措施。

(5)现场严禁吸烟。

(6)施工现场严禁焚烧各类废弃物。

(7)特殊工程持证上岗,明火作业要有用火证,专人看火并配灭火器。

7.卫生防疫管理

(1)加强对工地食堂、炊事人员和炊具的管理。食堂必须有卫生许可证,炊事人员必须持身体健康证上岗。炊事人员上岗应穿戴洁净的工作服、工作帽和口罩。不得穿工作服出入食堂,非炊事人员不得随意进入制作间和成品间。确保卫生防疫,杜绝传染病和食物中毒事故的发生。

(2)根据需要制定和执行防暑、降温、消毒、防病措施。

第四章 建筑工程施工临时用电

第一节 临时用电管理

一、建筑施工临时用电管理要求

(1)施工现场操作电工必须经过按国家现行标准考核合格后，持证上岗工作，必须持原所在地地(市)级以上劳动保护安全监察机关核发的特种作业证明。非电工严禁进行电气作业。

(2)各类用电人员必须通过相关安全教育培训和技术交底，掌握安全用电基本知识和所用设备的性能，考核合格后方可上岗工作，电工接受施工现场暂设电气安装任务后，必须认真领会落实临时用电安全施工组织设计(施工方案)和安全技术措施交底的内容，施工用电线路架设必须按施工图规定进行，凡临时用电使用超过六个月(含六个月)以上的，应按正式线路架设，改变安全施工组织设计规定，必须经原审批单位领导同意签字，未经同意不得改变。

(3)安装、巡检、维修或拆除临时用电设备和线路，必须由电工完成，并应有人监护，电工作业时，必须穿绝缘鞋、戴绝缘手套，酒后不准操作。

(4)临时用电组织设计规定如下：

①施工现场临时用电设备在5台及以上或设备总容量在50kW及以上者，应编制用电组织设计。

②装饰装修工程或其他特殊施工阶段，应补充编制单项施工用电方案。

(5)临时用电组织设计及变更必须由电气工程技术人员编制，相关部门审核，具有法人资格企业的技术负责人批准，经现场监理签认后实施。

(6)临时用电工程必须经编制、审核、批准部门和使用单位共同验收，合格后方可投入使用。

(7)临时用电工程定期检查应按分部、分项工程进行，对安全隐患必须及时处理，并应履行复查验收手续。

(8)所有绝缘、检测工具应妥善保管，严禁他用，并应定期检查、校验。保证正确可靠接地或接零。所有接地或接零处，必须保证可靠电气连接。

(9)电气设备的设置、安装、防护、使用、维修必须符合《施工现场临时用电安全技术规范》(JGJ 46—2005)的要求。

(10)在施工现场专用的中性点直接接地的电力系统中，必须采用TN－S接零保护。

(11)电气设备不带电的金属外壳、框架、部件、管道、金属操作台和移动式碘钨灯的金属柱等，均应做保护接零。

(12)定期和不定期对临时用电工程的接地、设备绝缘和漏电保护开关进行检测、维修,发现隐患及时消除,并建立检测维修记录。

(13)建筑工程竣工后,临时用电工程拆除,应按顺序先断电源,后拆除,不得留有隐患。

二、《施工现场临时用电安全技术规范》(JGJ46—2005)的强制性条文

(1)施工现场临时用电工程电源中性点直接接地的220/380V三相四线制低压电力系统,必须符合下列规定:采用三级配电系统;采用TN—S接零保护系统;采用二级漏电保护系统。

(2)在施工现场专用变压器供电的TN—S接零保护系统中,电气设备的金属外壳必须与保护零线连接。保护零线应由工作接地线、配电室(总配电箱)电源侧零线或总漏电保护器电源侧零线处引出。

(3)当施工现场与外电线路共用同一供电系统时,电气设备的接地、接零保护应与原系统保持一致。不得一部分设备做保护接零,另一部分设备做保护接地。

(4)TN系统中的保护零线除必须在配电室或总配电箱处做重复接地外,还必须在配电系统的中间处和末端处做重复接地。

(5)配电柜应装设电源隔离开关及短路、过载、漏电保护器。电源隔离开关分断时,应有明显可见的分断点。

(6)配电箱的电器安装板上必须分设N线端子板和PE线端子板。N线端子板必须与金属电器安装板绝缘;PE线端子板必须与金属电器安装板做电气连接。

(7)配电箱、开关箱的电源进线端严禁采用插头和插座做活动连接。

(8)对混凝土搅拌机、钢筋加工机械、木工机械、盾构机械等设备进行清理、检查、维修时,必须将其开关箱分闸断电,呈现可见电源分断点,并关门上锁。

(9)下列特殊场所应使用安全特低电压照明器:

①隧道、人防工程、高温、有导电灰尘、比较潮湿或灯具离地面高度低于2.5m等场所的照明,电源电压不应大于36V;

②潮湿和易触及带电体场所的照明,电源电压不得大于24V;

③特别潮湿场所、导电良好的地面、锅炉或金属容器内的照明,电源电压不得大于12V。

(10)照明变压器必须使用双绕组型安全隔离变压器,严禁使用自耦变压器。

(11)对夜间影响飞机或车辆通行的在建工程及机械设备,必须设置醒目的红色信号灯,其电源应设在施工现场总电源开关的前侧,并应设置外电线路停止供电时的应急自备电源。

三、三级配电两级保护

1. 三级配电

(1)总配电箱(又称固定式配电箱)。总配电箱用符号"A"表示。总配电箱是控制施工现场全部供电的集中点,应设置在靠近电源地区。电源由施工现场用电变压器低压侧引出的电缆线接入,并装设电流互感器、有功电度表、无功电度表、电流表、电压表及总开关、分开关。总配电箱内的开关均应采用自动空气开关(或漏电保护开关)。引入、引出线应穿管并有防水弯。

(2)分配电箱(又称移动式配电箱)。分配电箱用符号"B"表示。其中1、2、3表示序号。分配电箱是总配电箱的一个分支,控制施工现场某个范围的用电集中点,应设在用电设备负荷相对集中的地区。箱内应设总开关和分开关。总开关应采用自动空气开关,分开关可采用漏

电开关或刀闸开关并配备熔断器。

(3)开关箱。开关箱直接控制用电设备。开关箱与所控制的固定式用电设备的水平距离不得大于3m,与分配电箱的距离不得大于30m。开关箱内安装漏电开关、熔断器及插座。电源线采用橡皮套软电缆线,从分配电箱引出,接入开关箱上闸口。

(4)配电箱及其内部开关、器件的安装应端正牢固。安装在建筑物或构筑物上的配电箱为固定式配电箱,其箱底距地面的垂直距离应大于1.3m,小于1.5m。移动式配电箱不得置于地面上随意拖拉,应固定在支架上,其箱底与地面的垂直距离应大于0.6m,小于1.5m。

(5)配电箱内的开关、电器,应安装在金属或非木质的绝缘电器安装板上,然后整体紧固在配电箱体内,金属箱体、金属电器安装板以及箱内电器不带电的金属底座、外壳等,必须做保护接零。保护零线必须通过零线端子板连接。

(6)配电箱和开关箱的进出线口,应设在箱体的下面,并加护套保护。进、出线应分路成束,不得承受外力,并做好防水弯。导线束不得与箱体进、出线口直接接触。

(7)配电箱内的开关及仪表等电器排列整齐,配线绝缘良好,绑扎成束。熔丝及保护装置按设备容量合理选择,三相设备的熔丝大小应一致。三个及其以上回路的配电箱应设总开关,分开关应标有回路名称。三相开关只能作为断路开关使用,不得装设熔丝,应另加熔断器。各开关、触点应动作灵活、接触良好。配电箱的操作盘面不得有带电体明露。箱内应整洁,不得放置工具等杂物,箱门应有锁,并用红色油漆喷上警示标语和危险标志,喷写配电箱分类编号。箱内应设有线路图。下班后必须拉闸断电,锁好箱门。

(8)配电箱周围2m内不得堆放杂物。电工应经常巡视检查开关,并检查熔断器的接点处是否过热、各接点是否牢固、配线绝缘有无破损、仪表指示是否正常等。发现隐患立即排除。配电箱应经常清扫除尘。

(9)每台用电设备应有各自专用的开关箱,必须实行"一机一闸一漏一箱"制,严禁同一个开关电器直接控制两台及两台以上用电设备(含插座)。

2.两级漏电保护

总配电箱和开关箱中两级漏电保护器的额定漏电动作电流和额定漏电动作时应合理配合,使之具有分级、分段保护的功能。

施工现场的漏电保护开关在总配电箱、分配电箱上安装的漏电保护开关的漏电动作电流应为50～100mA,起到保护该线路的作用;开关箱安装漏电保护开关的漏电动作电流应为30mA以下。

漏电保护开关不得随意拆卸和调换零部件,以免改变原有技术参数。并应经常检查试验,发现异常,必须立即查明原因,严禁带病使用。

四、施工照明

(1)施工现场照明应采用高光效、长寿命的照明光源。工作场所不得只装设局部照明,对于需要大面积的照明场所,应采用高压汞灯、高压钠灯或碘钨灯,灯头与易燃物的净距离不小于0.3m。流动性碘钨灯采用金属支架安装时,支架应稳固,灯具与金属支架之间必须用不小于0.2m的绝缘材料隔离。

(2)施工照明灯具露天装设时,应采用防水式灯具,距地面高度不得低于3m。工作棚、场地的照明灯具,可分路控制,每路照明支线上连接灯数不得超过10盏,若超过10盏时,每个灯具上应装设熔断器。

(3)室内照明灯具距地面不得低于2.4m。每路照明支线上灯具和插座数不宜超过25个，额定电流不得大于15A，并用熔断器或自动开关保护。

(4)一般施工场所宜选用额定电压为220V的照明灯具，不得使用带开关的灯头，应选用螺口灯头。相线接在与中心触头相连的一端，零线接在与螺纹口相连的一端。灯头的绝缘外壳不得有损伤和漏电，照明灯具的金属外壳必须做保护接零。单项回路的照明开关箱内必须装设漏电保护开关。

(5)现场局部照明用的工作灯，室内抹灰、水磨石地面等潮湿的作业环境，照明电源电压应不大于36V。在特别潮湿，导电良好的地面、锅炉或金属容器内工作的照明灯具，其电源电压不得大于12V。工作手灯应用胶把和网罩保护。

(6)36V的照明变压器，必须使用双绕组型，二次线圈、铁芯、金属外壳必须有可靠保护接零。一、二次侧应分别装设熔断器，一次线长度不应超过3m。照明变压器必须有防雨、防砸措施。

(7)照明线路不得拴在金属脚手架、龙门架上，严禁在地面上乱拉、乱拖。灯具需要安装在金属脚手架、龙门架上时，线路和灯具必须用绝缘物与其隔离开，且距离工作面高度在3m以上。控制刀闸应配有熔断器和防雨措施。

(8)施工现场的照明灯具应采用分组控制或单灯控制。

第二节　配电线路布置

一、架空线路敷设基本要求

(1)施工现场架空线必须采用绝缘导线，施工现场运送电杆时，应由专人指挥。小车搬运，必须绑扎牢固，防止滚动。人抬时，前后要响应，协调一致，电杆不得离地过高，防止一侧受力扭伤。

(2)导线长期连续负荷电流应小于导线计算负荷电流。

(3)三相四线制线路的N线和PE线截面不小于相线截面的50%，单相线路的零线截面与相线截面相同。

(4)架空线路必须有短路保护。采用熔断器做短路保护时，其熔体额定电流应小于等于明敷绝缘导线长期连续负荷允许载流量的1.5倍。

(5)架空线路必须有过载保护。采用熔断器或断路器做过载保护时，绝缘导线长期连续负荷允许载流量不应小于熔断器熔体额定电流或断路器长延时过流脱扣器脱扣电流整定值的1.25倍。

(6)人工立电杆时，应有专人指挥。立杆前检查工具是否牢固可靠(如木杆无伤痕，链子合适，溜绳、横绳、钢丝绳无伤痕)。地锚钎子要牢固可靠，溜绳各方向吃力应均匀。操作时，互相配合，听从指挥，用力均衡；机械立杆，吊车臂下不准站人，上空(吊车起重臂杆回转半径内)所有带电线路必须停电。

(7)电杆就位移动时，坑内不得有人。电杆立起后，必须先架好叉木，才能撤去吊钩。电杆坑填土夯实后才允许撤掉叉木、溜绳或横绳。

(8)电杆的梢径不小于13cm，埋入地下深度为杆长的1/10再加上0.6m。木质杆不得劈裂、腐朽，根部应刷沥青防腐。水泥杆不得有露筋、环向裂纹、扭曲等现象。

①登杆组装横担时，活板子开口要合适，不得用力过猛。

②登杆脚扣规格应与杆径相适应。使用脚踏板，钩子应向上。使用的机具、护具应完好无损。操作时系好安全带，并拴在安全可靠处，扣环扣牢，严禁将安全带拴在瓷瓶或横担上。

③杆上作业时，禁止上下投掷料具。料具应放在工具袋内，上下传递料具的小绳应牢固可靠。递完料具后，要离开电杆3m以外。

(9)架空线路的干线架设(380/220V)应采用铁横担、瓷瓶水平架设，挡距不大于35m，线间距离不小于0.3m。

①架空线路必须采用绝缘导线。架空绝缘铜芯导线截面积不小于10mm²，架空绝缘铝芯导线截面积不小于16mm²，在跨越铁路、管道的挡距内，铜芯导线截面积不小于16mm²，铝芯导线截面积不小于35mm²。导线不得有接头。

②架空线路距地面一般不低于4m，过路线的最下一层不低于6m。多层排列时，上、下层的间距不小于0.6m。高压线在上方，低压线在中间，广播线、电话线在下方。

③干线的架空零线应不小于相线截面的1/2。导线截面积在10mm²以下时，零线和相线截面积相同。支线零线是指干线到闸箱的零线，应采用与相线大小相同的截面。

④架空线路最大弧垂点至地面的最小距离，见表4-1。

表4-1　架空线路最大弧垂点至地面的最小距离(m)

架空线路地区	线路负荷	
	1kV以下	1～10kV
居民区	6	6.5
交通要道(路口)	6	7
建筑物顶端	2.5	3
特殊管道	1.5	3

⑤架空线路摆动最大时与各种设施的最小距离：外侧边线与建筑物凸出部分的最小距离：1kV以下时为1m，1～10kV时，为1.5m。在建工程(含脚手架)的外侧边缘与外电架空线路的边线之间的最小距离：1kV以下时为4m，1～10kV时为6m。

(10)杆上紧线应侧向操作，并将夹紧螺栓拧紧；紧有角度的导线时，操作人员应在外侧作业。紧线时装设的临时脚踏支架应牢固。如用大竹梯，必须用绳将梯子与电杆绑扎牢固。调整拉线时，杆上不得有人。

(11)紧绳用的铅(铁)丝或钢丝绳，应能承受全部拉力，与电线连接必须牢固。紧线时导线下方不得有人。终端紧线时反方向应设置临时拉线。

(12)大雨、大雪及六级以上强风天，停止登杆作业。

➢二、电缆线路敷设基本要求

(1)电缆中必须包含全部工作芯线和作保护零线的芯线，即五芯电缆。

(2)五芯电缆必须包含淡蓝、绿/黄两种颜色绝缘芯线。淡蓝色芯线必须用作N线,绿/黄双色芯线必须用作PE线,严禁混用。

(3)电缆线路应采用埋地或架空敷设,严禁沿地面明设,并应避免机械损伤和介质腐蚀。

(4)直接埋地敷设的电缆过墙、过道、过临建设施时,应套钢管保护。

(5)电缆线路必须有短路保护和过载保护。

(6)电缆在室外直接埋地敷设时,必须按电缆埋设图敷设,并应砌砖槽防护,埋设深度不得小于0.6m。

(7)电缆的上下各均匀铺设不小于5cm厚的细砂,上盖电缆盖板或红机砖作为电缆的保护层。

(8)地面上应有埋设电缆的标志,并应有专人负责管理。不得将物料堆放在电缆埋设的上方。

(9)有接头的电缆不准埋在地下,接头处应露出地面,并配有电缆接线盒(箱)。电缆接线盒(箱)应防雨、防尘、防机械损伤,并远离易燃、易爆、易腐蚀场所。

(10)电缆穿越建筑物、构筑物、道路、易受机械损伤的场所及引出地面从2m高度至地下0.2m处,必须加设防护套管。

(11)电缆线路与其附近热力管道的平行间距不得小于2m,交叉间距不得小于1m。

(12)橡套电缆架空敷设时,应沿着墙壁或电杆设置,并用绝缘子固定,严禁使用金属裸线作绑线。电缆间距大于10m时,必须采用铅丝或钢丝绳吊绑,以减轻电缆自重,最大弧垂距地面不小于2.5m。电缆接头处应牢固可靠,做好绝缘包扎,保证绝缘强度,不得承受外力。

(13)在高层建筑的临时电缆配电,必须采用电缆埋地引入。电缆垂直敷设时,位置应充分利用竖井、垂直孔洞,其固定点每楼层不得少于一处。水平敷设应沿墙或门口固定,最大弧垂距离地面不得小于1.8m。

三、室内配线要求

(1)室内配线必须采用绝缘导线或电缆。

(2)室内非埋地明敷主干线距地面高度不得小于2.5m。

(3)室内配线必须有短路保护和过载保护。

案例4-1

1.背景

某建筑面积为23000m²的18层住宅工程,施工现场供、配电干线采用架空线路敷设,支线及进楼电源采用铠装电缆直埋。

2.问题

(1)该背景中明敷绝缘导线长期连续负荷允许载流量为215A,架空线路短路保护采用熔体额定电流200A的熔断器,该方案是否可行?为什么?

(2)材料部门采购了四芯铠装电缆到现场,技术部门为了保证TN-S三相五线制供电,决定采用四芯铠装电缆外敷一根塑铜线(BV)方式敷设,是否可行?

(3)电工接线时,绿/黄双色芯线用作 N 线使用,此种做法,是否正确?

3. 分析

(1)应采用额定电流为 322A 熔体做短路保护。采用熔断器做短路保护时,其熔体额定电流应小于等于明敷绝缘导线长期连续负荷允许载流量的 1.5 倍,

(2)电缆中必须包含全部工作芯线和保护零线的芯线,即五芯电缆。

(3)绿/黄双色芯线必须用作 PE 线,严禁混用。

第三节 配电箱与开关箱的设置

(1)配电系统应采用配电柜或总配电箱、分配电箱、开关箱三级配电方式。

(2)总配电箱应设在靠近电源的区域,分配电箱应设在用电设备或负荷相对集中的区域,分配电箱与开关箱的距离不得超过 30m,开关箱与其控制的固定式用电设备的水平距离不宜超过 3m。

(3)每台用电设备必须有各自专用的开关箱,严禁用同一个开关箱直接控制 2 台及 2 台以上用电设备(含插座)。

(4)配电箱、开关箱应装设端正、牢固。固定式配电箱、开关箱的中心点与地面的垂直距离应为 1.4～1.6m。移动式配电箱、开关箱应装设在坚固、稳定的支架上,其中心点与地面的垂直距离宜为 0.8～1.6m。

(5)配电箱的电器安装板上必须分设 N 线端子板和 PE 线端子板。N 线端子板必须与金属电器安装板绝缘;PE 线端子板必须与金属电器安装板做电气连接。进出线中的 N 线必须通过 N 线端子板连接,PE 线必须通过 PE 线端子板连接。

(6)配电箱、开关箱的金属箱体、金属电器安装板以及电器正常不带电的金属底座、外壳等,必须通过 PE 线端子板与 PE 线作电气连接,金属箱门与金属箱体必须采用编织软铜线作电气连接。

案例 4-2

1. 背景

某住宅工程现场钢筋加工场,配电系统采用 TN—S 接零保护系统,用电设备有钢筋切断机 4 台,钢筋弯钩机 4 台,抻直机 1 台等。

2. 问题

(1)背景中各开关箱分别控制 5m 处的钢筋切断机、钢筋弯钩机、抻直机,这种安排存在什么问题?

(2)PE 线由分配电箱安装板固定螺栓引出至用电设备,这种做法正确吗?

(3)由于两台钢筋切断机相距较近,电工工长让电工在开关箱内设置两个漏电保护器,分别控制两台钢筋切断机。这种设置是否可以?

3. 分析

(1)开关箱与被控制用电设备间距不符合规定,规范规定开关箱与其控制的固定式用电设

备的水平距离不宜超过3m。

(2)分配电箱安装板固定螺栓不能代替PE线端子板，固定机件的紧固螺栓不允许代替PE线端子板。这违反了配电箱的电器安装板上必须设PE线端子板，PE线端子板必须与金属电器安装板做电气连接，PE线必须通过PE线端子板连接的规定。

(3)每台用电设备必须有各自专用的开关箱，严禁用同一个开关箱直接控制两台及两台以上用电设备。

第五章

建筑工程施工临时用水

第一节　临时用水管理

项目应贯彻执行绿色施工规范，采取合理的节水措施并加强临时用水管理。

一、施工临时用水管理的内容

（1）计算临时用水的数量。临时用水量包括：现场施工用水量、施工机械用水量、施工现场生活用水量、生活区生活用水量、消防用水量。在分别计算了以上各项用水量之后，才能确定总用水量。

（2）确定供水系统。供水系统包括：取水设施、净水设施、贮水构筑物、输水管和配水管管网。以上系统的设置均需要经过科学计算和设计。

二、配水设施

（1）配水管网布置的原则如下：在保证不间断供水的情况下，管道铺设越短越好；考虑施工期间各段管网具有移动的可能性；主要供水管线采用环状，孤立点可设枝状；尽量利用已有的或提前修建的永久管道，管径要经过计算确定。

（2）管线穿路处均要套以铁管，并埋入地下 0.6m 处，以防重压。

（3）过冬的临时水管须埋在冰冻线以下或采取保温措施。

（4）排水沟沿道路布置，纵坡不小于 0.2%，过路处须设涵管，在山地建设时应有防洪设施。

（5）消火栓间距不大于 120m；距拟建房屋不小于 5m，不大于 25m，距路边不大于 2m。

（6）各种管道间距应符合规定要求。

第二节　临时用水计算

一、用水量的计算

（1）现场施工用水量可按下式计算：

$$q_1 = K_1 \sum \frac{Q_1 N_1}{T_1 t} \times \frac{K_2}{8 \times 3600}$$

式中：q_1——施工用水量（L/s）；

K_1——未预计的施工用水系数（可取 1.05～1.15）；

Q_1——年(季)度工程量(以实物计量单位表示),$10m^2$;

N_1——施工用水定额(浇筑混凝土耗水量2400L/s、砌筑耗水量250L/s);

T_1——年(季)度有效作业日(天);

t——每天工作班数;

K_2——用水不均衡系数(现场施工用水取1.5)。

(2)施工机械用水量可按下式计算:

$$q_2 = K_1 \sum Q_2 N_2 \cdot \frac{K_3}{8 \times 3600}$$

式中:q_2——机械用水量(L/s);

K_1——未预计的施工用水系数(可取1.05~1.15);

Q_2——同一种机械台数(台);

N_2——施工机械台班用水定额;

K_3——施工机械用水不均衡系数(可取2.0)。

(3)施工现场生活用水量可按下式计算:

$$q_3 = \frac{P_1 N_3 K_4}{t \times 8 \times 3600}$$

式中:q_3——施工现场生活用水量(L/s);

P_1——施工现场高峰昼夜人数(人);

N_3——施工现场生活用水定额,一般为20~60L/(人·班),主要需视当地气候而定;

K_4——施工现场用水不均衡系数(可取1.3~1.5);

t——每天工作班数(班)。

(4)生活区生活用水量可按下式计算:

$$q_4 = \frac{P_2 N_4 K_5}{24 \times 3600}$$

式中:q_4——生活区生活用水(L/s);

P_2——生活区居民人数(人);

N_4——生活区昼夜全部生活用水定额;

K_5——生活区用水不均衡系数(可取2.0~2.5)。

(5)消防用水量(q_5):最小10L/s,施工现场在25ha(250000m^2)以内时,不大于15L/s。

(6)总用水量(Q)可按下式计算:

①当$(q_1+q_2+q_3+q_4) \leqslant q_5$时,则$Q=q_5+(q_1+q_2+q_3+q_4)/2$;

②当$(q_1+q_2+q_3+q_4) > q_5$时,则$Q=q_1+q_2+q_3+q_4$;

③当工地面积小于5ha,而且$(q_1+q_2+q_3+q_4) < q_5$时,则$Q=q_5$。

最后计算出总用水量(以上各项相加),还应增加10%的漏水损失。

案例5-1

1.背景

某工程其建筑面积为16122m^2,占地面积为4000m^2;地下1层,地上8层;筏形基础,现浇混凝土框架一剪力墙结构，填充墙空心砌块隔墙。水源从现场北侧引入，要求保证施工生产、生活及消防用水。

2. 问题

(1)当施工用水系数 $K_1=1.15$，年混凝土浇筑量为 $11639m^3$，施工用水定额 2400L/m^3，年持续有效工作日为150天，两班作业，用水不均衡系数 $K_2=1.5$，要求计算现场施工用水。

(2)施工机械主要是混凝土搅拌机，共4台，包括混凝土输送泵的清洗用水、进出施工现场运输车辆冲洗等，用水定额平均 $N_2=300L/$台。未预计用水系数 $K_1=1.15$，施工不均衡系数 $K_3=2.0$，要求计算施工机械用水量。

(3)设现场生活高峰人数 $P_1=350$ 人，施工现场生活用水定额 $N_3=40L/$班，施工现场生活用水不均衡系数 $K_4=1.5$，每天用水2个班，要求计算施工现场生活用水量。

(4)请根据现场占地面积设定消防用水量。

(5)计算总用水量。

3. 分析

(1)计算现场施工用水量。

$$q_1=K_1\sum\frac{Q_1N_1}{T_1t}\times\frac{K_2}{8\times3600}=1.15\times\frac{11639\times2400}{150\times2}\times\frac{1.5}{8\times3600}=5.577(L/s)$$

(2)计算施工机械用水量。

$$q_2=K_1\sum Q_2N_2\cdot\frac{K_3}{8\times3600}=1.15\times4\times300\times\frac{2.0}{8\times3600}=0.0958(L/s)$$

(3)计算施工现场生活用水量。

$$q_3=\frac{P_1\times N_3\times K_4}{t\times8\times3600}=\frac{350\times40\times1.5}{2\times8\times3600}=0.365(L/s)$$

(4)设定消防用水量。

由于施工占地面积远远小于 $250000m^2$，故按最小消防用水量选用，即 $q_5=10L/s$。

(5)总用水量确定。

$q_1+q_2+q_3=5.577+0.0958+0.365=6.0378(L/s)<q_5$，故总用水量按消防用水量考虑，即总用水量 $Q=q_5=10L/s$。若考虑10%的漏水损失，则总用水量即 $Q=(1+10\%)\times10=11(L/s)$。

二、临时用水管径计算

供水管径是在计算总用水量的基础上按公式计算的。如果已知用水量，按规定设定水流速度，就可以进行计算。其计算公式如下：

$$d=\sqrt{\frac{4Q}{\pi v\times1000}}$$

式中：d——配水管直径(m)；

Q——耗水量(L/s)；

V——管网中水流速度(1.5～2m/s)。

案例 5-2

1. 背景

某项目经理部施工的某机械加工车间，位于城市的远郊区，结构为单层排架结构厂房，钢筋混凝土独立基础，建筑面积为5500m²。总用水量为12L/s，水管中水的流速为1.5m/s。干管采用钢管，埋入地下800mm处，每30m设一个接头供接支管使用。

2. 问题

(1)计算本供水管径。

(2)按经验选用支管的管径。

3. 分析

(1)供水管径计算如下：

$$d = \sqrt{\frac{4Q}{\pi v \times 1000}} = \sqrt{\frac{4 \times 12}{3.14 \times 1.5 \times 1000}} = 0.101(\mathrm{m})$$

按钢管管径规定系列选用，最靠近101mm的规格是100mm，故本工程临时给水干管选用ϕ100mm管径。

(2)按经验，支管可选用40mm管径。

第六章

建筑工程施工现场防火

第一节　施工现场防火要求

一、建立防火制度

(1)施工现场都要建立健全防火检查制度。

(2)建立义务消防队,人数不少于施工总人数的10%。

(3)建立动用明火审批制度。

二、消防器材的配备

(1)临时搭设的建筑物区域内,每100m^2配备2个10L灭火器。

(2)大型临时设施总面积超过1200m^2,应配有专供消防用的太平桶、积水桶(池)、黄砂池,且周围不得堆放易燃物品。

(3)临时木工间、油漆间、木机具间等,每25m^2配备一个灭火器。油库、危险品库应配备数量与种类合适的灭火器、高压水泵。

(4)应有足够的消防水源,其进水口一般不应小于两处。

(5)室外消火栓应沿消防车道或堆料场内交通道路的边缘设置,消火栓之间的距离不应大于120m;消防箱内消防水管长度不小于25m。

三、灭火器设置要求

(1)灭火器应设置在明显的地点,如房间出入口、通道、走廊、门厅及楼梯等部位。

(2)灭火器的铭牌必须朝外,以方便人们直接看到灭火器的主要性能指标。

(3)手提式灭火器设置在挂钩、托架上或灭火器箱内,其顶部离地面高度应小于1.50m,底部离地面高度不宜小于0.15m。这一要求的目的是:便于人们对灭火器进行保管和维护;让扑救人能安全、方便取用;防止潮湿的地面对灭火器的影响和便于平时打扫卫生。

(4)设置在挂钩、托架上或灭火器箱内的手提式灭火器要竖直向上设置。

(5)对于那些环境条件较好的场所,手提式灭火器可直接放在地面上。

(6)对于设置在灭火器箱内的手提式灭火器,可直接放在灭火器箱的底面上,但灭火器箱离地面高度不宜小于0.15m。

(7)灭火器不得设置在环境温度超出其使用温度范围的地点。

(8)从灭火器出厂日期算起,达到灭火器报废年限的,必须报废。

四、施工现场防火要求

(1)施工组织设计中的施工平面图、施工方案均要符合消防安全要求。

(2)施工现场明确划分作业区,易燃可燃材料堆场、仓库,易燃废品集中站和生活区。

(3)施工现场夜间应有照明设施,保持车辆畅通,值班巡逻。

(4)不得在高压线下搭设临时性建筑物或堆放可燃物品。

(5)施工现场应配备足够的消防器材,设专人维护、管理,定期更新,保证完整好用。

(6)在土建施工时,应先将消防器材和设施配备好,有条件的室外敷设好消防水管和消火栓。

(7)危险物品的距离不得少于10m,危险物品与易燃易爆品距离不得少于3m。

(8)乙炔发生器和氧气瓶存放间距不得小于2m,使用时距离不得小于5m。

(9)氧气瓶、乙炔发生器等焊割设备上的安全附件应完整有效,否则不准使用。

(10)施工现场的焊、割作业,必须符合防火要求。

(11)冬期施工采用保温加热措施时,应符合规定要求。

(12)施工现场动火作业必须执行审批制度。

第二节　施工现场消防管理

施工现场的消防工作,应遵照国家有关法律、法规,以及所在地政府关于施工现场消防安全规定等规章、规定开展消防安全工作。施工现场必须成立消防领导机构,建立健全,落实各种消防安全职责,包括消防安全制度、消防安全操作规程、消防应急预案及演练、消防组织机构、消防设施平面布置等。

一、施工阶段的消防管理

施工组织设计要有消防方案及防火设施平面图,并按照有关规定报公安监督机关审批或备案。

(1)施工现场使用的电气设备必须符合防火要求。临时用电必须安装过载保护装置,电闸箱内不准使用易燃、可燃材料。严禁超负荷使用电气设备。施工现场存放易燃、可燃材料的库房、木工加工场所、油漆配料房及防水作业场所不得使用明露高热强光源灯具。

(2)电焊工、气焊工从事电气设备安装和电、气焊切割作业,要有操作证和动火证。动火前,要对易燃、可燃物清除,采取隔离等措施,配备看火人员和灭火器具,作业后必须确认无火源隐患后方可离去。动火证当日有效,动火地点变换,要重新办理动火证手续。

(3)氧气瓶、乙炔瓶工作间距不小于5m,两瓶与明火作业距离不小于10m。建筑工程内禁止氧气瓶、乙炔瓶一同存放,禁止使用液化石油气"钢瓶"。

(4)从事油漆粉刷或防水等危险作业时,要有具体的防火要求,必要时派专人看护。

(5)施工现场严禁吸烟。不得在建设工程内设置宿舍。

(6)施工现场使用的安全网、密目式安全网、密目式防坠网、保温材料,必须符合消防安全规定,不得使用易燃、可燃材料。使用时施工企业保卫部门必须严格审核,凡是不符合规定的材料,不得进入施工现场使用。

(7)施工现场应根据工程规模,对其项目建立相应的消防组织,配备足够的消防人员。

(8)施工现场动火作业必须执行审批制度。

二、重点部位的防火要求

(一)易燃仓库的防火要求

(1)易着火的仓库应设在水源充足、消防车能驶到的地方,并应设在下风方向。

(2)易燃露天仓库四周内,应有宽度不小于 6m 的平坦空地作为消防通道,通道上禁止堆放障碍物。

(3)贮量大的易燃仓库,应设两个以上的大门,并应将生活区、生活辅助区和堆场分开布置。

(4)有明火的生产辅助区和生活用房与易燃堆垛之间,至少应保持 30m 的防火间距。有火星的烟囱应布置在仓库的下风地带。

(5)易燃仓库堆料场与其他建筑物、铁路、道路、架高电线的防火间距,应按现行《建筑设计防火规范》(GB 50016—2006)的有关规定执行。

(6)易燃仓库堆料场应分堆垛和分组设置,每个堆垛面积为:木材(板材)不得大于 300m^2;锯末不得大于 200m^2;垛与堆垛之间应留 4m 宽的消防通道。

(7)对易引起火灾的仓库,应将库房内、外按每 500m^2 区域分段设立防火墙,把建筑平面划分为若干个防火单元。

(8)对贮存的易燃货物应经常进行防火安全检查,应保持良好的通风。

(9)在仓库或堆料场内进行吊装作业时,其机械设备必须符合防火要求,严防产生火星,引起火灾。

(10)装过化学危险物品的车,必须在清洗干净后方准装运易燃物和可燃物。

(11)仓库或堆料场内电缆一般应埋入地下;若有困难需设置架空电力线时,架空电力线与露天易燃物堆垛的最小水平距离,不应小于电杆高度的 1.5 倍。

(12)仓库或堆料场所使用的照明灯与易燃堆垛间至少应保持 1m 的距离。

(13)安装的开关箱、接线盒,应距离堆垛外缘不小于 1.5m,不准乱拉临时电气线路。

(14)仓库或堆料场严禁使用碘钨灯,以防电气设备起火。

(15)对仓库或堆料场内的电气设备,应经常检查维修和管理;贮存大量易燃品的仓库场地应设置独立的避雷装置。

(二)电焊、气割场所的防火要求

(1)焊、割作业点与氧气瓶、电石桶和乙炔发生器等危险物品的距离不得少于 10m,与易燃易爆物品的距离不得少于 30m。

(2)乙炔发生器和氧气瓶之间的存放距离不得少于 2m,使用时两者的距离不得少于 5m。

(3)氧气瓶、乙炔发生器等焊割设备上的安全附件应完整而有效,否则严禁使用。

(4)施工现场的焊、割作业必须符合防火要求,严格执行“十不烧”规定:

①焊工必须持证上岗,无证者不准进行焊、割作业;

②属一、二、三级动火范围的焊、割作业,未经办理动火审批手续,不准进行焊剖;

③焊工不了解焊、割现场的周围情况,不得进行焊、割;

④焊工不了解焊件内部是否有易燃易爆物时，不得进行焊、割；

⑤各种装过可燃气体、易燃液体和有毒物质的容器，未经彻底清洗，或未排除危险之前，不准进行焊、割；

⑥用可燃材料保温层、冷却层、隔声或隔热设备的部位，或火星能飞溅到的地方，在未采取切实可靠的安全措施之前，不准焊，割；

⑦有压力或密闭的管道、容器，不准焊、割；

⑧焊、割部位附近有易燃易爆物品，在未作清理或未采取有效的安全防护措施前，不准焊、割；

⑨附近有与明火作业相抵触的工种在作业时，不准焊、割；

⑩与外单位相连的部位，在没有弄清有无险情，或明知存在危险而未采取有效的措施之前，不准焊、割。

（三）油漆料库与调料间的防火要求

(1)油漆料库与调料间应分开设置，油漆料库和调料间应与散发火花的场所保持一定的防火间距。

(2)性质相抵触、灭火方法不同的品种，应分库存放。

(3)涂料和稀释剂的存放和管理，应符合《仓库防火安全管理规则》的要求。

(4)调料间应有良好的通风，并应采用防爆电器设备，室内禁止一切火源，调料间不能兼做更衣室和休息室。

(5)调料人员应穿着不易产生静电的工作服，不带钉子的鞋。使用开启涂料和稀释剂包装的工具，应采用不易产生火花型的工具。

(6)调料人员应严格遵守操作规程，调料间内不应存放超过当日加工所用的原料。

（四）木工操作间的防火要求

(1)操作间建筑应采用阻燃材料搭建。

(2)操作间应设消防水箱和消防水桶，储存消防用水。

(3)操作间冬季宜采用暖气(水暖)供暖，如用火炉取暖时，必须在四周采取挡火措施；不应用燃烧劈柴、刨花代煤取暖；每个火炉都要有专人负责，下班时要将余火彻底熄灭。

(4)电气设备的安装要符合要求。抛光、电锯等部位的电气设备应采用密封式或防爆式。刨花、锯末较多部位的电动机，应安装防尘罩。

(5)操作间内严禁吸烟和用明火作业。

(6)操作间只能存放当班的用料，成品及半成品要及时运走。木工应做到工完场清，刨花、锯末每班都打扫干净，倒在指定地点。

(7)严格遵守操作规程，对旧木料一定要经过检查，起出铁钉等金属后，方可上锯锯料。

(8)配电盘、刀闸下方不能堆放成品、半成品及废料。

(9)工作完毕应拉闸断电，并经检查确认无火险后方可离开。

案例6-1

1. 背景

某办公楼工程，建筑面积为218220m^2，占地面积为45000m^2；地下3层，地上46层；筏形基础，型钢混凝土组合结构，单元式幕墙，4mmSBS卷材防水屋面，卫生间采用3mm聚氨酯涂膜防水。

在安装38层楼梯扶手电焊作业时，电焊火花引燃了33层楼梯间的装聚氯酯涂料的废桶，火灾造成30层以上装饰工程全部烧毁，7人死亡。事后查明，火灾是由无证电焊工违章作业引起的。

2. 问题

(1)分析事故的主要原因。

(2)预防同类火灾事故的主要措施有哪些？

3. 分析

(1)事故的主要原因是由无证电焊工违章作业引起的。

(2)预防同类火灾的主要措施有：

①电焊工持证上岗；

②办理动火证；

③配备看火人员；

④配备足够的灭火器具；

⑤焊工了解焊、割现场的周围情况；

⑥对火星能飞溅到的可燃材料或装过易燃液体的容器或装聚氨酯涂料的废桶，采取隔离措施(或清理干净)；

⑦电焊作业点与易燃易爆物品之间应有足够的安全距离；

⑧24m高度以上高层建筑的施工现场，消防用水设置符合消防安全要求；

⑨施工现场必须成立消防领导机构，建立健全、落实各种消防安全职责，包括消防安全制度、消防安全操作规程、消防应急预案及演练、消防组织机构、消防设施平面布置等。

第七章

安全文明施工

根据《建设工程施工现场管理规定》中的“文明施工管理”和《建设工程项目管理规范》(GB/T50326—2006)中“项目现场管理”的规定,以及各省市有关建设工程文明施工管理的要求,施工单位应规范施工现场,创造良好生产、生活环境,保障职工的安全与健康,做到文明施工、安全有序、整洁卫生、不扰民、不损害公众利益。

第一节　安全文明施工措施

➢一、现场大门和围挡设置

(1)施工现场应设置钢制大门,大门应牢固、美观,高度不宜低于4m,大门上应标有企业标识。

(2)施工现场的围挡必须沿工地四周连续设置,不得有缺口,并且围挡要坚固、平稳、严密、整洁、美观。

(3)在市区主要路段围挡的高度不宜低于2.5m,一般路段不低于1.8m。

(4)围挡材料应选用砌体、金属板材等硬质材料,禁止使用彩条布、竹笆、安全网等易变形材料。

(5)建设工程外侧周边使用密目式安全网(2000目/$100cm^2$)进行防护。

➢二、现场封闭管理

(1)施工现场出入口设专职门卫人员,加强对现场材料、构件、设备的进出监督管理。

(2)为加强对出入现场人员的管理,施工人员应佩戴工作卡以示证明。

(3)根据工程的性质和特点,出入大门口的形式,各地区各企业可按各自的实际情况确定。

➢三、施工场地布置

(1)施工现场大门内必须设置明显的“五牌一图”(工程概况牌、安全生产制度牌、文明施工制度牌、环境保护制度牌、消防保卫制度牌及施工现场平面布置图),标明工程项目名称、建设单位、设计单位、施工单位、监理单位、工程概况及开工、竣工日期等。

(2)对于文明施工、环境保护和易发生伤亡事故(或危险)处,应设置明显的、符合国家标准要求的安全警示标志牌。

(3)设置施工现场安全“五标志”,即指令标志(佩戴安全帽、系安全带等)、禁止标志(禁止通行、严禁抛物等)、警告标志(当心落物、小心坠落等)、电力安全标志(禁止合闸、当心有电等)和提示标志(安全通道、火警、盗警、急救中心电话等)。

(4)现场主要运输道路尽量采用循环方式设置或有车辆调头的位置,保证道路通畅。

(5)现场道路有条件的可采用混凝土路面,无条件的可采用其他硬化路面。主要道路必须硬化。现场地面也应进行硬化处理,以免现场扬尘,雨后泥泞。

(6)施工现场必须有良好的排水设施,保证排水畅通。

(7)现场内的施工区、办公区和生活区要分开设置,保持安全距离,并设标志牌。办公区和生活区应根据实际条件进行绿化。

(8)各类临时设施必须根据施工总平面图布置,而且要整齐、美观。办公和生活用的临时设施宜采用轻体保温或隔热的活动房,既可多次周转使用,降低暂设成本,又可达到整洁美观的效果。

(9)施工现场临时用电线路的布置,必须符合安装规范和安全操作规程的要求,严格按施工组织设计进行架设,严禁任意拉线接电,而且必须设有保证施工要求的夜间照明。

(10)工程施工的废水、泥浆应经流水槽或管道流到工地集水池统一沉淀处理,不得随意至排放和污染施工区域以外的河道、路面。

四、现场材料、工具堆放

(1)施工现场的材料、构件、工具必须按施工平面图规定的位置堆放,不得侵占场内道路及安全防护等设施。

(2)各种材料、构件堆放应按品种、分规格整齐堆放,并设置明显标牌。

(3)施工作业区的垃圾不得长期堆放,要随时清理,做到每天工完场清。

(4)易燃易爆物品不能混放,要有集中存放的库房。班组使用的零散易燃易爆物品,必须按有关规定存放。

(5)对于楼梯间、休息平台、阳台临边等地方不得堆放物料。

五、施工现场安全防护布置

根据建设部有关建筑工程安全防护的有关规定,项目经理部必须做好施工现场安全防护工作。

(1)施工临边、洞口交叉、高处作业及楼板、屋面、阳台等临边防护,必须采用密目式安全立网全封闭,作业层要另加防护栏杆和18cm高的踢脚板。

(2)通道口设防护棚,防护棚应为不小于5cm厚的木板或两道相距50cm的竹笆,两侧应沿栏杆架用密目式安全网封闭。

(3)预留洞口用木板全封闭防护,对于短边超过1.5m长的洞口,除封闭外四周还应设有防护栏杆。

(4)电梯井口设置定型化、工具化、标准化的防护门,在电梯井内每隔两层(不大于10m)设置一道安全平网。

(5)楼梯边设1.2m高的定型化、工具化、标准化的防护栏杆,18cm高的踢脚板。

(6)垂直方向交叉作业,应设置防护隔离棚或其他设施防护。

(7)高空作业施工,必须有悬挂安全带的悬索或其他设施,有操作平台,有上下的梯子或其他形式的通道。

六、施工现场防火布置

(1)施工现场应根据工程实际情况,订立消防制度或消防措施。

(2)按照不同作业条件和消防有关规定,合理配备消防器材,符合消防要求。消防器材设置点要有明显标志,夜间设置红色警示灯,消防器材应垫高设置,周围2m内不准乱放物品。

(3)当建筑施工高度超过30m(或当地规定)时,为防止单纯依靠消防器材灭火不能满足要求,应配备有足够的消防水源和自救的用水量。扑救电气火灾不得用水,应使用干粉灭火器。

(4)在容易发生火灾的区域施工或储存、使用易燃易爆器材时,必须采取特殊的消防安全措施。

(5)现场动火,必须经有关部门批准,设专人管理。五级风及以上禁止使用明火。

(6)坚决执行现场防火"五不走"的规定,即:"交接班不交代不走、用火设备火源不熄灭不走、用电设备不拉闸不走、可燃物不清干净不走、发现险情不报告不走。"

七、施工现场临时用电布置

1.施工现场临时用电配电线路

(1)按照TN—S系统要求配备五芯电缆、四芯电缆和三芯电缆。

(2)按要求架设临时用电线路的电杆、横担、瓷夹、瓷瓶等,或电缆埋地的地沟。

(3)对靠近施工现场的外电线路,设置木质、塑料等绝缘体的防护设施。

2.配电箱、开关箱

(1)按三级配电要求,配备总配电箱、分配电箱、开关箱、三类标准电箱。开关箱应符合"一机、一箱、一闸、一漏"。三类电箱中的各类电器应是合格品。

(2)按两级漏电保护的要求,选取符合容量要求和质量合格的总配电箱和开关箱中的漏电保护器。

3.接地保护

装置施工现场保护零线的重复接地应不少于三处。

八、施工现场生活设施布置

(1)职工生活设施要符合卫生、安全、通风、照明等要求。

(2)职工的膳食、饮水供应等应符合卫生要求。炊事员必须有卫生防疫部门颁发的体检合格证。生熟食分别存放,炊事员要穿白工作服,食堂卫生要定期清扫检查。

(3)施工现场应设置符合卫生要求的厕所,有条件的应设水冲式厕所,并有专人清扫管理。现场应保持卫生,不得随地大小便。

(4)生活区应设置满足使用要求的淋浴设施和管理制度。

(5)生活垃圾要及时清理,不能与施工垃圾混放,并设专人管理。

(6)职工宿舍要考虑到季节性的要求,冬季应有保暖、防煤气中毒措施;夏季应有消暑、防虫叮咬措施,保证施工人员的良好睡眠。

(7)宿舍内床铺及各种生活用品放置要整齐,通风良好,并要符合安全疏散的要求。

(8)生活设施的周围环境要保持良好的卫生条件,周围道路、院区平整,并要设置垃圾箱和污水池,不得随意乱泼乱倒。

九、施工现场综合治理

(1)项目部应做好施工现场安全保卫工作,建立治安保卫制度和责任分工,并有专人负责管理。

(2)施工现场在生活区域内适当设置职工业余生活场所,以便施工人员工作后能劳逸结合。

(3)现场不得焚烧有毒有害物质,该类物质必须按有关规定进行处理。

(4)现场施工必须采取不扰民措施,要设置防尘和防噪声设施,做到噪声不超标。

(5)为适应现场可能发生的意外伤害,现场应配备相应的保健药箱和一般常用药品以及应急救援器材,以便保证及时抢救,不扩大伤势。

(6)为保障施工作业人员的身心健康,应在流行病发生季节及平时,定期开展卫生防疫的宣传教育工作。

(7)施工作业区的垃圾不得长期堆放,要随时清理,做到每天工完场清。

(8)施工现场应设置密闭式垃圾站,施工垃圾、生活垃圾应分类存放。施工垃圾必须采用相应容器或管道运输。

第二节　安全生产管理制度

一、总则

(1)为加强生产工作的劳动保护、改善劳动条件,保护劳动者在生产过程中的安全和健康,促进企业的良好发展,根据有关劳动保护的法令、法规等有关规定,结合企业的实际情况制定了相关安全生产的管理规定。

(2)安全生产工作必须贯彻“安全第一,预防为主,防治结合,综合治理”的方针,贯彻执行总经理(法定代表人)负责制,各级领导要坚持“管生产必须管安全”的原则,生产要服从安全的需要,实现安全生产和文明生产。

(3)对在安全生产方面有突出贡献的团体和个人要给予奖励,对违反安全生产制度和操作规程造成事故的责任者,要给予严肃处理,触及刑律的,交由司法机关论处。

二、机构与职责

(1)企业安全生产的组织领导机构,由企业领导和有关部门的主要负责人组成。其主要职责是:全面负责企业安全生产管理工作,研究制定安全生产技术措施和劳动保护计划,实施安全生产检查和监督,调查处理事故等工作。

(2)企业生产单位必须成立安全生产领导小组,负责对本单位的职工进行安全生产教育,制定安全生产实施细则和操作规程。实施安全生产监督检查,确保生产安全。安全生产小组组长由企业的领导担任,并按规定配备专职安全生产管理人员。

(3)安全生产主要责任人的划分:单位行政第一把手是企业安全生产的第一责任人,分管生产的领导和专职安全生产管理员是企业安全生产的主要责任人。

(4)企业专职安全生产管理人员职责如下：

①协助领导贯彻执行劳动保护法令、制度，综合管理日常安全生产工作；

②汇总和审查安全生产措施计划，并督促有关部门切实按期执行；

③制定、修订安全生产管理制度，并对这些制度的贯彻执行情况进行监督检查；

④组织开展安全生产大检查。经常深入现场指导生产中的劳动保护工作。遇有特别紧急的不安全情况时，有权指令停止生产，并立即报告领导研究处理；

⑤总结和推广安全生产的先进经验，搞好安全生产的宣传教育和专业培训；

⑥根据有关规定，发放符合国家标准的劳动防护用品，并监督正确佩戴和使用；

⑦组织有关部门研究制定防止职业危害的措施，并监督执行。

(5)生产单位的专职安全生产管理员要协助本企业领导贯彻执行劳动保护法规和安全生产管理制度，处理企业安全生产日常事务和安全生产检查监督工作。

(6)企业安全生产专职管理干部职责如下：

①协助领导贯彻执行劳动保护法令、制度，综合管理日常安全生产工作；

②汇总和审查安全生产措施计划，并督促有关部门切实按期执行；

③制定、修订安全生产管理制度，并对这些制度的贯彻执行情况进行监督检查；

④组织开展安全生产大检查。经常深入现场指导生产中的劳动保护工作。遇有特别紧急的不安全情况时，有权指令停止生产，并立即报告领导研究处理；

⑤总结和推广安全生产的先进经验，协助有关部门搞好安全生产的宣传教育和专业培训；

⑥参加审查新建、改建、扩建、大修工程的设计文件和工程验收及试运转工作；

⑦参加伤亡事故的调查和处理，负责伤亡事故的统计、分析和报告，协助有关部门提出防止事故的措施，并督促其按时实现；

⑧根据有关规定，制定本单位的劳动防护用品，并监督执行；

⑨组织有关部门研究制定防止职业危害的措施，并监督执行；

⑩对上级的指示和基层的情况上传下达，做好信息反馈工作。

(7)各生产单位专(兼)职安全生产管理员要协助企业领导贯彻执行劳动保护法规和安全生产管理制度，处理企业安全生产日常事务和安全生产检查监督工作。

(8)各生产班组安全员要经常检查、督促班组人员遵守安全生产制度和操作规程。做好设备、工具等安全检查、保养工作。及时向上级报告班组的安全生产情况。做好原始资料的登记和保管工作。

(9)职工在生产、工作中要认真学习和执行安全技术操作规程，遵守各项规章制度。爱护生产设备和安全防护装置、设施及劳动保护用品。发现不安全情况，及时报告领导，迅速予以排除。

三、教育与培训

(1)对新职工、实习人员，必须先进行安全生产的三级教育(即生产单位、班组、生产岗位)才能准其进入操作岗位。对改变工种的工人，必须重新进行安全教育才能上岗。

(2)对从事电气、焊接、车辆驾驶、易燃易爆等特殊工种人员，必须进行专业安全技术培训，经有关部门严格考核并取得合格操作证(执照)后，才能准其独立操作。对特殊工种的在岗人员，必须进行经常性的安全教育。

四、设备、工程建设、劳动场所

(1)各种设备和仪器不得超负荷和带病运行,并要做到正确使用,经常维护,定期检修,不符合安全要求的陈旧设备,应有计划地更新和改造。

(2)电气设备和线路应符合国家有关安全规定。电气设备应有可熔保险和漏电保护,绝缘必须良好,并有可靠的接地或接零保护措施;产生大量蒸气、腐蚀性气体或粉尘的工作场所,应使用密闭型电气设备;有易燃易爆危险的工作场所,应配备防爆型电气设备;潮湿场所和移动式的电气设备,应采用安全电压。电气设备必须符合相应防护等级的安全技术要求。

(3)引进国外设备时,对国内不能配套的安全附件,必须同时引进,引进的安全附件应符合我国的安全要求。

(4)凡新建、改建、扩建、迁建生产场地以及技术改造工程,都必须安排劳动保护设施的建设,并要与主体工程同时设计、同时施工、同时投产(简称“三同时”)。

(5)工程建设主管部门在组织工程设计和竣工验收时,应提出劳动保护设施的设计方案,完成情况和质量评价报告,经同级劳资、卫生、保卫等部门和工会组织审查验收,并签名盖章后,方可施工、投产。未经以上部门同意而强行施工、投产的,要追究有关人员的责任。

(6)劳动场所布局要合理,保持清洁、整齐。有毒有害的作业,必须有防护措施。

(7)生产用房、建筑物必须坚固、安全;通道平坦、畅顺,要有足够的光线;为生产所设的坑、壕、池、走台、升降口等有危险的处所,必须有安全设施和明显的安全标志。

(8)有高温、低温、潮湿、雷电、静电等危险的劳动场所,必须采取相应的有效防护措施。

(9)雇用外单位人员在公司的场地进行施工作业时,主管单位应加强管理,必要时实行工作票制度。对违反作业规定并造成公司财产损失者,须索赔并严加处理。

(10)被雇用的施工人员需进入机楼、机房施工作业时,须到保卫部办理出入许可证;需明火作业者还须填写公司临时动火作业申请表,办理相关手续。

五、电信线路

(1)电信线路的设计、施工和维护,应符合邮电部安全技术规定。凡从事电信线路施工和维护等工作人员,均要严格执行《电信线路安全技术操作规程》。

(2)电信线路施工单位必须按照安全施工程序组织施工。对架空线路、天线、地下及平底电缆、地下管道等电信施工工程及施工环境都必须相应采取安全防护措施。施工工具和仪表要合格、灵敏、安全、可靠。高空作业工具和防护用品,必须由专业生产厂家和管理部门提供,并经常检查,定期鉴定。

(3)电信线路维护要严防触电、高空坠落和倒杆事故,线路维护前一定要先检查线杆根基牢固状况,对电路验电确认安全后,方准操作。操作中要严密注意电力线对通信线和操作安全的影响,严格按照操作规程作业。不准聘用或留用退休职工担任线路架设工作。

六、易燃易爆物品

(1)易燃易爆物品的运输、储存、使用、废品处理等,必须设有防火、防爆设施,严格执行安全操作守则和定员定量定品种的安全规定。

(2)易燃易爆物品的使用地和储存点,要严禁烟火,要严格消除可能发生火种的一切隐患。

检查设备需要动用明火时，必须采取妥善的防护措施，并经有关领导批准，在专人监护下进行。

➢七、电梯

(1)签订电梯订货、安装、维修保养合同时，须遵守劳动部门规定的有关安全要求。

(2)新购的电梯必须是取得国家有关许可证并在劳动部门备案的单位设计、生产的产品。电梯销售商须设立有(经劳动局备案认可的)维修保养点或正式委托保养点。

(3)电梯的使用必须取得劳动部门颁发的电梯使用合格证。

(4)工程部门办理新安装电梯移交时，除应移交有关文件、说明书等资料以外，还须告诉接受单位有关电梯的维修、检测和年审等事宜。

(5)负责管理电梯的单位，要切实加强电梯的管理、使用和维修、保养、年审等工作。发现隐患要立即消除，严禁电梯带隐患运行。

(6)确需聘请外单位人员安装、维修、检测电梯时，被雇请的单位必须是劳动部门安全认可的单位。

(7)电梯管理单位须将电梯的维修、检测、年审和运行情况等资料影印副本报公司安委办备案。

➢八、个人防护用品和职业危害的预防与治疗

(1)根据工作性质和劳动条例，为职工配备或发放个人防护用品，各单位必须教育职工正确使用防护用品，不懂得防护用品用途和性能的，不准上岗操作。

(2)努力做好防尘、防毒、防辐射、防暑降温工作和防噪声工程，进行经常性的卫生监测，对超过国家卫生标准的有毒有害作业点，应进行技术改造或采取卫生防护措施，不断改善劳动条件，按规定发放保健食品补贴，提高有毒有害作业人员的健康水平。

(3)对从事有毒有害作业人员，要实行每年一次定期职业体检制度。对确诊为职业病的患者，应立即上报企业人事部，由人事部或企业安委会视情况调整工作岗位，并及时作出治疗或疗养的决定。

(4)禁止中小学生和年龄不满18岁的青少年从事有毒有害生产劳动。禁止安排女职工在怀孕期、哺乳期从事影响胎儿、婴儿健康的有毒有害作业。

➢九、检查和整改

(1)坚持定期或不定期的安全生产检查制度。企业安委会组织全公司的检查，每年不少于两次；各生产单位每季检查不少于一次；各机楼(房)和生产班组应实行班前班后检查制度；特殊工种和设备的操作者应进行每天检查。

(2)发现安全隐患，必须及时整改，如本单位不能进行整改的要立即报告安委办统一安排整改。

(3)凡安全生产整改所需费用，应经安委办审批后，在劳保技措经费项目列支。

➢十、奖励与处罚

(1)企业的安全生产工作应每年总结一次，在总结的基础上，由企业安全生产委员会办公室组织评选安全生产先进集体和先进个人。

(2)安全生产先进集体的基本条件如下：

①认真贯彻“安全第一，预防为主”的方针，执行上级有关安全生产的法令法规，落实总经理负责制，加强安全生产管理；

②安全生产机构健全，人员措施落实，能有效地开展工作；

③严格执行各项安全生产规章制度，开展经常性的安全生产教育活动，不断增强职工的安全意识和提高职工的自我保护能力；

④加强安全生产检查，及时整改事故隐患和尘毒危害，积极改善劳动条件；

⑤连续 3 年以上无责任性职工死亡和重伤事故，交通事故也逐年减少，安全生产工作成绩显著。

(3)安全生产先进个人条件如下：

①遵守安全生产各项规章制度，遵守各项操作规程，遵守劳动纪律，保障生产安全；

②积极学习安全生产知识，不断提高安全意识和自我保护能力；

③坚决反对违反安全生产规定的行为，纠正和制止违章作业、违章指挥。

(4)对安全生产有特殊贡献的，给予特别奖励。

(5)发生童大事故或死亡事故(含交通事故)，对事故单位(室)给予扣发工资总额的处罚，并追究单位领导人的责任。

(6)凡发生事故，要接有关规定报告。如有瞒报、虚报、漏报或故意延迟不报的，除责成补报外，对事故单位(室)给予扣发工资总额的处罚，并追究责任者的责任，对触及刑律的，追究其法律责任。

(7)对事故责任者视情给予批评教育、经济处罚、行政处分，触及刑律者依法论处。

(8)对单位扣发工资总额的处罚，最高不超过 3%；对职工个人的处罚，最高不超过一年的生产性奖金总额(不含应赔偿款项)，可并处行政处分。

(9)由于各种意外(含人为的)因素造成人员伤亡或厂房设备损毁或正常生产、生活受到破坏的情况均为本企业事故，可划分为工伤事故、设备(建筑)损毁事故、交通事故三种(车辆、驾驶员、交通事故等制度由行政部门参照规定另行制定，并组织实施)。

(10)工伤事故，是指职工在生产劳动过程中，发生的人身伤害、急性中毒的事故。包括以下几种情况：

①从事本岗位工作或执行领导临时指定或同意的工作任务而造成的负伤或死亡；

②在紧急情况下(如抢险救灾、救人等)，从事对企业或社会有益工作造成的疾病、负伤或死亡；

③在工作岗位上或经领导批准在其他场所工作时而造成的负伤或死亡；

④职业性疾病，以及由此而造成死亡；

⑤乘坐本单位的机动车辆去开会、听报告、参加行政指派的各种劳动和乘坐本单位指定上下班接送的车辆上下班，所乘坐的车发生非本人所应负责的意外事故，造成职工负伤或死亡；

⑥职工虽不在生产或工作岗位上，但由于企业设备、设施或劳动的条件不良而引起的负伤或死亡。

(11)职工因发生事故所受的伤害分为：

①轻伤：指负伤后需要歇工一个工作日以上，低于国标 105 天，但未达到重伤程度的失能伤害；

②重伤:指符合劳动部门《关于重伤事故范围的意见》中所列情形之一的伤害;损失工作日总和超过国际105天的失能伤害;

③死亡。

(12)发生无人员伤亡的生产事故(不含交通事故),按经济损失程度分级:

①一般事故:经济损失不足1万元的事故;

②大事故:经济损失满1万元,不满10万元的事故;

③重大事故:经济损失满10万元,不满100万元的事故;

④特大事故:经济损失满100万元的事故。

(13)发生事故的单位必须按照事故处理程序进行事故处理。

①事故现场人员应立即抢救伤员,保护现场,如因抢救伤员和防止事故扩大,需要移动现场物件时,必须作出标志,详细记录或拍照和绘制事故现场图。

②立即向单位主管部门(领导)报告,事故单位即向公司安委办报告。

③开展事故调查,分析事故原因。企业安委办接到事故报告后,应迅速指示有关单位进行调查,轻伤或一般事故在15天内,重伤以上事故或大事故以上在30天内向有关部门报送事故调查报告书。事故调查处理应接受工会组织的监督。

④制定整改防范措施。

⑤对事故有责任的人作出适当的处理。

⑥以事故通报和事故分析会等形式教育职工。

(14)无人员伤亡的交通事故。

①机动车辆驾驶员发生事故后,驾驶员和有关人员必须协助交管部门进行事故调查、分析,参加事故处理。事故单位应及时向安委办报告,一般在24小时内报告,大事故或死亡事故应即时报告。事后,需补写"事故经过"的书面报告。肇事者应在2天内写出书面报告交给单位领导。肇事单位应在7天内将肇事者报告随本单位报告一并送交安委办。

②驾驶员因公驾车肇事,应根据公安部门裁定的经济损失数额对事故责任者进行处罚,处罚款项原则上由肇事个人到财务部缴纳。处罚的最高款额以不超过上年度企业人均生产性奖金总额(基数1.0计)为限。

③凡未经文管部门裁决而私下协商解决赔偿的事故。如公司的经济损失超过保险公司规定免赔额的,其超出都分由肇事者自负。

④擅自挪用车辆办私事而肇事的,按第②款规定加倍处罚;可视情节给予扣发1年以内的奖金或并处行政处分。

⑤凡因私事经主管领导同意借用公车而肇事的,参照第②款处理。

⑥发生事故隐瞒不报(超时限2天属瞒报),每次加扣当事人3个月以内的奖金。

⑦开"带病车",或将车辆交给无证人员,或未经行政部门批准驾驶企业车辆的人,每次扣2个月的奖金。

(15)事故原因查清后,如果各有关方面对于事故的分析和事故责任者的处理不能取得一致意见时,劳资部门有权提出结论性意见,交由单位及主管部门处理。

(16)在调查处理事故中,对玩忽职守、滥用职权、徇私舞弊者,应追究其行政责任,触及刑律的,追究刑事责任。

(17)各级领导或有关干部、职工在其职责范围内,不履行或不正确履行自己应尽的职责,有如下行为之一造成事故的，按玩忽职守论处：

①不执行有关规章制度、条例、规程的或自行其是的；

②对可能造成重大伤亡的险情和隐患，不采取措施或措施不力的；

③不接受主管部门的管理和监督，不听合理意见，主观武断，不顾他人安危，强令他人违章作业的；

④对安全生产工作漫不经心，马虎草率，麻痹大意的；

⑤对安全生产不检查、不督促、不指导，放任自流的；

⑥延误装修安全防护设备或不装修安全防护设备的；

⑦违反操作规程冒险作业或擅离岗位或对作业漫不经心的；

(8)擅动有“危险禁动”标志的设备、机器、开关、电闸、信号等；

(9)不服指挥和劝告，进行违章作业的；

(10)施工组织或单项作业组织有严重错误的。

第八章 施工安全检查

第一节 施工安全检查的内容、方式及要求

一、施工安全检查的内容

施工安全检查应根据企业生产的特点，制定检查的项目标准，其主要内容包括：查思想、查制度、查安全教育培训、查措施、查隐患、查安全防护、查劳保用品使用、查机械设备、查操作行为、查整改、查伤亡事故处理等主要内容。

二、施工安全检查的方式

施工安全检查通常采用：经常性安全检查，定期和不定期安全检查，专业性安全检查，重点抽查，季节性安全检查，节假日前后安全检查，班组自检、互检、交接检查及复工检查等方式。

三、施工安全检查的有关要求

(1)项目经理部应建立检查制度，并根据施工过程的特点和安全目标的要求，确定安全检查内容。

(2)项目经理应组织有关人员定期对安全控制计划的执行情况进行检查考核和评价。

(3)项目经理部要严格执行定期安全检查制度，对施工现场的安全施工状况和业绩进行日常的例行检查，每次检查要认真填写记录。

(4)项目经理部安全检查应配备必要的设备或器具，确定检查负责人和检查人员，并明确检查内容及要求。

(5)项目经理部的各班组日常要开展自检自查，做好日常文明施工和环境保护工作。项目部每周组织一次施工现场各班组文明施工、环境保护工作的检查评比，并进行奖罚。

(6)项目经理部安全检查应采取随机抽样、现场观察、实地检测相结合的方法，并记录检测结果。对现场管理人员的违章指挥和操作人员的违章作业行为应进行纠正。

(7)施工现场必须保存上级部门安全检查指令书，对检查中发现的不符合规定要求和存在隐患的设施设备、过程、行为，要进行整改处置，要做到：定整改责任人、定整改措施、定整改完成时间、定整改完成人、定整改验收人的“五定”要求。

(8)安全检查人员应对检查结果和整改处置活动进行记录，并通过汇总分析，寻找薄弱环节和安全隐患部位，确定危险程度和需要改进的问题及今后必须采取的纠正措施或预防措施的要求。

(9)施工现场应设职工监督员,监督现场的文明施工、环境保护工作。发挥群防群治作用,保持施工现场文明施工、环境保护的管理,达到持续改进的效果。

第二节　施工安全的政府监督

一、施工安全的政府监督管理形式

(1)建设工程安全生产关系到人民群众的生命和财产安全,国家必须加强对建设工程安全生产的监督管理。

(2)安全生产监督管理是各级人民政府建设行政主管部门及其授权的建设安全生产监督机构,对于实施施工安全生产的行业进行监督管理。

(3)政府对建设工程安全生产监督管理有多种形式,可以事前监督,也可以事后监督;可以运用行政手段监督,也可以运用法律、经济手段监督。在我国现阶段的市场经济发展中,政府监督管理主要还是要适应市场经济的需要,运用法律和经济手段,通过事前、事后监督来实现。

二、施工安全监督管理的类型

(1)国务院安全生产主管部门对建设行政主管部门监督管理工作的监督管理。

(2)建设行政主管部门对建设工程各有关单位生产安全工作的监督管理。

(3)建设工程各有关单位的上级主管部门对下级单位安全生产工作的监督管理。

(4)工程监理单位对施工单位生产安全工作的监督管理。

三、施工安全监督管理的机制

我国政府对安全生产的监督管理采用综合管理和部门管理相结合的机制。

(1)国务院负责安全生产监督管理的部门,对全国各行各业的安全生产工作实施综合管理、全面负责,并从综合管理全国安全生产的角度出发,指导、协调和监督各行业或领域的安全生产监督管理工作。安监局是综合管理的单位。

(2)国务院建设行政主管部门对全国的建设工程安全生产实施统一的监督管理。

(3)国务院铁路、交通、水利等有关部门按照国务院的职责分工,分别对专业建设工程安全生产实施监督管理。

各建设主管部门对自身所处部门的安全生产进行监督管理。

(4)县级以上地方人民政府建设行政主管部门和各有关部门,则分别对本行政区域内的建设工程和专业建设工程的安全生产工作,按各自的职责范围实施监督管理,并依法接受本行政区内安全生产监督管理部门和劳动行政主管部门对建设工程安全生产监督管理工作的指导和监督。

第九章

现场文明施工

第一节　现场文明施工管理

一、明确文明施工管理的责任

按"谁施工,谁负责"的原则,实行统一领导,分工负责,实行分区分段包工制。由各区各段责任人负责本区段的文明施工管理。项目部建立以项目经理为组长,库管员、材料员为组员的文明施工领导小组。严格执行公司和总包各项制度、规定,接受检查。

1.项目部职责

(1)组织专人对于施工所用场地及道路定期维护、清扫、洒水,降低灰尘对环境的污染。

(2)建立严格门卫制度,项目人员出入要佩带统一的胸卡,核对无误后才予以放行。

(3)按照施工总平面布置图设置各项临时设施。堆放大宗材料、成品、半成品和机具设备,不得侵占场内道路及安全防护等设施;钢筋堆场的钢筋、半成品应堆码整齐,分类存放。

(4)灭火器材、各种标志牌、花盆等露天设置的物品应定期擦洗。

(5)施工现场严禁大小便。

(6)现场内每日未用完的钢管、模板、扣件、胶带纸等材料要堆放整齐,不得乱丢乱放。

(7)现场施工人员衣着要整齐、大方,言行要文明。

(8)模板、木枋、钢管应堆码正确统一,做到成线成面。材料堆场不得有散乱的模板、木枋、钢管等。

(9)木工房应每天清扫干净。

(10)建筑和生活垃圾集中堆放、集中搬运,并建立无烟现场。

(11)食堂要经过防疫卫生部门审批,内外要整洁,炊具必须干净,无腐烂变质食品,生熟食分开操作,做到无蝇、无鼠、无蜘蛛网。夏季现场设茶水桶,做到有盖加锁并配杯子,有消毒设备。

(12)现场厕所应设专人每日三次进行清理、保洁工作。楼层四层以上隔层设临时厕所,方便施工人员,保持楼层清洁卫生。

(13)宿舍内物品摆放整齐,鞋子、工具、洗刷用品摆放规则。

(14)宿舍内每天打扫干净,被褥、衣服叠放整齐。

(15)严禁在墙壁、地面涂抹、乱画。

(16)施工现场的用电线路,用电设施的安装和使用必须符合安装规范和安全操作规程,严禁任意拉线接电。施工现场必须设有保证施工安全要求的夜间照明。

(17)施工机械按照施工总平面布置图规定的位置和线路设置,不得任意侵占场内道路。现场机械操作处应设有操作规程、管理制度和责任牌,机械设备操作保证专机专人,持证上岗,严格落实岗位责任制,并严格执行“清洁、润滑、紧固、调整、防腐”的“十字作业法”。

(18)保证施工现场道路畅通,排水系统处于良好的使用状态;保持场容场貌的整洁。

(19)做好施工现场安全保卫工作,采取必要的防盗措施,在现场周边设立围护设施。非施工人员不得擅自进入施工现场。

(20)不在施工现场熔融沥青或者焚烧垃圾、油漆以及其他会产生有毒有害烟尘和恶臭气体的物质。

(21)采取有效措施控制施工过程中的扬尘。

(22)为了降低施工中噪声对环境的影响,应采用如下措施:通过统筹安排,合理计划,最大限度地减少夜间施工的时间和次数;市区施工尽量减少噪声扰民,与周边社区搞好关系;所有机械优先选用低噪声的施工机械,施工现场的强噪声机械要采取措施,以减少强噪声的扩散。

(23)施工现场按作业情况,划分文明施工区域,设置卫生负责人。施工现场杜绝长流水和长明灯。交叉作业范围区,各专业施工队负责清除自产施工垃圾到指定地点,做到工完料净场地清。施工垃圾随产随清。

(24)加强木作业及其他成品、半成品保护。出现交叉冲突,要及时报告项目管理人员协调处理,严禁私自变更改动。

(25)职工生活设施应符合卫生、通风、照明等要求,职工的膳食、饮水供应应当符合卫生要求。

(26)职工宿舍要卫生、防潮、照明良好,夏季有防蝇,冬季有保暖措施。禁止睡通铺,经常要打扫,无异味,生活垃圾入桶,生活垃圾与施工垃圾不得混放,随时集中外运。

(27)职工洗涤物、被褥、鞋等晾晒要在生活区,禁止在生产、办公区域晾晒。

2.库管员职责

(1)负责材料仓库验收、储存、保管、发放工作。

(2)凡入库的材料必须有验收凭证,只有质量要求、规格型号、数量相符才进行验收。

(3)验收入库材料必须坚持“四号定位”(库号、货号、属号、位号)、“五五化”的堆码原则,利用物质卡片挂牌管理。

(4)充分了解所管材料的物理性能、化学成分、主要作用、单价及消耗定额,坚持原则,控制使用,加强管理工作。

(5)仓库内保持干燥、洁净、整齐,对不同性能材料正确堆放、保管和保养。

(6)能够分析库存材料出入动态,做好各种资料及月报表,正确办理单据、卡片、账目、盘点工作,妥善处理收、发、保管业务中出现的各种问题。

3.材料员职责

(1)负责水泥、砖、砂、石及装饰材料的验收储存、保管发放及商品混凝土的进场验收工作;现场材料按划分区域堆放,要求场地平整,无积水,堆放稳固,不混杂,不超高;成堆、成垛、成捆,统一挂牌,标志清楚,严禁靠近现场围墙或建筑物墙壁堆置;所有材料出入现场要手续齐备,严禁私自倒运。

(2)仓库应防雨、防潮、防火、防盗,库内物品分类摆放整齐,标签详尽,账、物、卡相符;所进场的各种材料按质量要求、规格型号相符才放行;废料及废包装物品及时清理回收,不得随意丢弃。

二、现场文明施工检查

(1)公司工程部每月组织一次安全生产、文明施工大检查,一次不定期抽查。项目部每周组织一次检查,班组每日检查,施工员必须每日巡视。季节变化、大风雨雾,项目部组织专项检查;检查时对存在问题、部位、处理意见作出详细记录,并给出评分结果,有奖罚决定。

(2)项目经理、施工员具有监督检查,停工整改,决定奖罚,向上汇报等权力。

第二节 防止施工扰民措施

一、建立居民的协调互助关系

(1)严格执行国家颁布的《环境保护法》及有关环保的规章制度,在全施工过程中,严格控制噪音、粉尘等对周边环境的污染。

(2)组织专人成立扰民问题工作小组,建立从组织—实施—检查记录整改的环保工作自我保证体系。配合业主设立居民来访接待处,积极和居民建立协调互助关系。

(3)定期对附近居民进行互访,及时了解情况,达成谅解。

二、采取措施,减少污染,防止施工扰民

施工污染主要包括三个方面:大气污染、水污染和噪音污染,这三方面也是对居民正常生活带来干扰的主要原因。可采取以下措施防止施工扰民:

(1)减少大气污染的措施。对现场细颗粒材料运输,垃圾清运,施工现场拆除,采取遮盖、洒水措施,减少扬尘。现场道路进行硬化,现场道路出入口设清洗水槽,减少车辆带土。现场禁止燃煤及木柴,控制烟尘在规定的指标内。

(2)减少水污染。现场生产、洗车等污水必须排入下水管道。

(3)减少噪音污染。在噪音敏感区设置监测点,定期用专用仪器测量,控制噪音白天在65分贝以内,夜晚在55分贝以内。施工现场进行全封闭防护。建立定期野外监测制度,发现噪音超标,立即查找原因,及时整改。对大型机械定期进行维修,保持机械正常运转,减少因机械经常性磨损而造成噪音污染。

对施工现场工作噪音大的车间进行隔音封闭;将一些噪音大的工序尽量安排在白天进行,夜间施工尽量安排噪声小的工序。

第三节 脚手架工程

一、一般规定

(1)建筑登高作业(架子工),必须经专业安全技术培训,考试合格,持特种作业操作证上岗作业。架子工的徒工必须办理学习证,在技工带领、指导下操作,非架子工未经同意不得单独进行作业。

(2)架子工必须经过体检,凡患有高血压、心脏病、癫痫病、恐高或视力不够以及不适合于登高作业的,不得从事登高架设作业。

(3)正确使用个人安全防护用品,必须着装灵便(紧衣紧袖),在高处(2m以上)作业时,必须佩戴安全带并与已搭好的立、横杆挂牢,穿防滑鞋。作业时精神要集中,团结协作、互相呼应、统一指挥、不得“走过档”和跳跃架子,严禁打闹嬉笑、酒后上班。

(4)班组(队)接受任务后,必须组织全体人员,认真领会脚手架专项安全施工组织设计和安全技术措施要求,研讨搭设方法,明确分工,并派一名技术好、有经验的人员负责技术指导和监护。

(5)风力六级以上(含六级)强风和高温、大雨、大雪、大雾等恶劣天气,应停止高处露天作业。风、雨、雪过后要进行检查,发现倾斜下沉、松扣、崩扣要及时修复,合格后方可使用。

(6)脚手架要结合工程进度搭设,搭设未完的脚手架,在离开作业岗位时,不得留有未固定构件和安全隐患,确保架子稳定。

(7)在带电设备附近搭、拆脚手架时,宜停电作业。在外电架空线路附近作业时,脚手架外侧边缘与外电架空线路的边线之间的最小安全操作距离不得小于表9-1的数值。

表9-1 在建筑工程(含脚手架具)的外侧边缘与外电架空线路的边缘之间的最小安全操作距离

外电线路电压	1kV以下	1～10kV	35～110kV	154～220kV	330～500kV
最小安全操作距离(m)	4	6	8	10	12

注:上、下脚手架斜道严禁搭设在有外电线路的一侧。

(8)各种非标准的脚手架,跨度过大、负载超重等特殊架子或其他新型脚手架,按专项安全施工组织设计批准的意见进行作业。

(9)脚手架搭设到高于在建建筑物顶部时,里排立杆要低于沿口40～50mm,外排立杆高出沿口1～1.5m,搭设两道护身栏,并挂密目安全网。

(10)脚手架搭设、拆除、维修和升降必须由架子工负责,非架子工不准从事脚手架操作。

二、材料要求

1. 钢管

钢管采用外径48～51mm,壁厚3～3.5mm的管材。钢管应平直光滑,无裂缝、结疤、分层、错位、硬弯、毛刺、压痕和深的划道。钢管应有产品质量合格证,钢管必须涂有防锈漆并严禁打孔。

脚手架钢管的尺寸应按表9-2采用,每根钢管的最大重量不应大于25kg。

表9-2 脚手架钢管尺寸(mm)

截面尺寸		最大长度	
外径φ	壁厚t	横向水平杆	其他杆
4851	3.53	2200	6500

2. 扣件

采用可锻造铸铁制作的扣件，其材质应符合现行国家标准《钢管脚手架扣件》(GB 15831—2006)的规定。新扣件必须有产品合格证。

旧扣件使用前应进行质量检查，有裂缝、变形的严禁使用，出现滑丝的螺栓必须更换。

3. 脚手板

脚手板可采用钢、木材料两种，每块重量不宜大于30kg。冲压新钢脚手板，必须有产品质量合格证。板长度为1.5～3.6m，厚2～3mm，肋高5cm，宽23～25cm，其表面锈蚀斑点直径不大于5mm，并沿横截面方向不得多于三处。脚手板一端应压连接卡口，以便铺设时扣住另一块的端部，板面应冲有防滑圆孔。

木脚手板应采用杉木或松木制作，其长度为2～6m，厚度不小于5cm，宽23～25cm，不得使用有腐朽、裂缝、斜纹的板材。两端应设直径为4mm的镀锌钢丝箍两道。

4. 安全网

安全网的宽度不得小于3m，长度不得大于6m，网眼不得大于10cm，必须使用维纶、锦纶、尼龙等材料，严禁使用损坏或腐朽的安全网和丙纶网。密目安全网只准作立网使用。

三、扣件式钢管脚手架

1. 扣件式钢管脚手架的分类及搭设要求

扣件式钢管脚手架按其搭设位置分为外脚手架、里脚手架；按立杆排数分为单排、双排脚手架；按高度分为一般、高层脚手架，以及分为结构、装修脚手架。其具体搭设的操作规定如下：

(1)脚手架应由立杆(冲天)、纵向水平杆(大横杆、顺水杆)、横向水平杆(小横杆)、剪刀撑(十字盖)、抛撑(压栏子)、纵、横扫地杆和拉接点等组成，脚手架必须有足够的强度、刚度和稳定性，在允许施工荷载作用下，确保不变形、不倾斜、不摇晃。

(2)脚手架搭设前应清除障碍物、平整场地、夯实基土、作好排水，根据脚手架专项安全施工组织设计(施工方案)和安全技术措施交底的要求，基础验收合格后，放线定位。

(3)垫板宜采用长度不少于2跨，厚度不小于5cm的木板，也可采用槽钢，底座应准确放在定位位置上。

2. 结构承重的单、双排脚手架

(1)搭设高度不超过20m的脚手架，构造主要参数见表9-3。

表9-3　扣件式钢管脚手架构造参数

结构形式	用途	宽度(m)	立杆间距(m)	步距(m)	横向水平杆间距
单排架	承重	1～1.2	1.5	1.2	1m，一端伸入墙体不少于240mm
	装修	1～1.2	1.5	1.2	1m，同上
双排架	承重	2～2.5	1.5	1.2	1m
	装修	2～2.5	1.5	1.2	1m

(2)立杆应纵成线、横成方,垂直偏差不得大于架高1/200。立杆接长应使用对接扣件连接,相邻的两根立杆接头应错开500mm,不得在同一步架内。立杆下脚应设纵、横向扫地杆。

(3)纵向水平杆在同一步架内纵向水平高差不得超过全长的1/300,局部高差不得超过50mm。纵向水平杆应使用对接扣件连接,相邻的两根纵向水平杆接头错开500mm,不得在同一跨内。

(4)横向水平杆应设在纵向水平杆与立杆的交点处,与纵向水平杆垂直。横向水平杆端头伸出外立杆应大于100mm,伸出里立杆为450mm。

(5)架高20m以上时,从两端每七根立杆(一组)从下到上设连续式的剪刀撑,架高20m以下可设间断式剪刀撑(斜支撑),即从架子两端转角处开始(每七根立杆为一组),从下到上连续设置。剪刀撑钢管接长应用两只旋转扣件搭接,接头长度不小于500mm,剪刀撑与地面夹角为45°～60°。剪刀撑每节两端应用旋转扣件与立杆或横向水平杆扣牢。

(6)脚手架与在建建筑物拉结点必须用双股8号铅丝或ϕ6.1级钢筋与结构拉顶牢固,拉结点之间水平距离不大于6m,垂直距离不大于4m。高度超过20m的脚手架不得使用柔性材料进行拉结,并在拉结点设可靠支顶。

(7)高层施工脚手架(高20m以上)在搭设过程中,必须以15～18m为一段,根据实际情况,采取撑、挑、吊等分阶段将荷载卸到建筑物的技术措施。

(8)脚手板铺设于架子的作业层上。脚手板有木、钢两种,不得使用竹编脚手板。脚手板必须满铺、铺严、铺稳,不得有探头板和飞跳板。铺脚手板可对头或搭接铺设,对头铺脚手板,搭接处必须是双横向水平杆,且两根间隙为200～250mm,有门窗口的地方应设吊杆和支柱,吊杆间距超过1.5m时,必须增加支柱。

搭接铺脚手板时,两块板端头的搭接长度应不小于200mm,如有不平之处要用木块垫在纵、横水平杆相交处,不得用碎砖块塞垫。

翻脚手板应两人操作,配合要协调,要按每档由里逐块向外翻,到最外一块时,站到邻近的脚手板把外边一块翻上去。翻、铺脚手板时必须系好安全带。脚手板翻板后,下层必须留一层脚手板或兜一层水平安全网,作为防护层。不铺板时,横向水平杆间距不得大于3m。

➢四、工具式脚手架

1.插口式脚手架

插口式脚手架(简称插口架),分为甲、乙、丙三种:甲型插口架适用于外墙板上有窗口部位的施工;乙型插口架适用无外墙板部位施工;丙型插口架(也叫挂脚手架)适用于无窗口部位施工。

插口架的安全操作要点如下:

(1)插口架允许负荷最大不得超过1176N/m²,脚手架上严禁堆放物料,人员不得集中停留。

(2)插口架提升或降落,应使用塔式起重机等起重机械,必须用卡环吊运,严禁任何人站在架子上随架子升降。

(3)插口架不得超过建筑物两个开间,最长不得超过8m,宽度不得超过1m。钢管组装的插口架,其立杆间距不得大于2m,大、小面均须设斜支撑;焊接的插口架,定型边框为立杆的,其立杆间距不得大于2.5m,大面要设剪刀撑。

(4)插口架上下两步脚手板,必须铺满、铺平,固定牢固。下步不铺板时要满挂水平安全网。上下两步都要设两道护身栏,立挂密目安全网,横向水平杆间距以0.5～1m为宜。

(5)插口架外侧要接高挂网,其高度应高出施工作业层1m,要设剪刀撑,并用密目安全网从上至下封严,安全网下脚要封死扎牢。相邻插口架应在同一平面,接口处应封闭严密。

(6)甲型插口架别杠应大于10cm×10cm优质木方。别杠要别于窗口的上下口,每边长度要长出窗口200mm。上下别杠的立杆与横杆连接处应用双扣件;丙型插口架(挂架子)穿墙螺栓端部的螺纹应采用梯形螺纹扣,用双螺母锁牢。

(7)插口架安装操作顺序为:甲型插口架应"先别后摘,先挂后拆",即在安装时,应先别好别杠,后摘去卡环;在拆除时,应先挂好卡环,后拆掉别杠。丙型插口架应在安装时先锁紧螺母,后摘去卡环;在拆除时,应先挂好卡环,后拆掉螺母。

(8)结构外墙是现浇钢筋混凝土的,其强度应达到70%以上,才能安装插口架。

(9)插口架安装后必须经过检查验收,合格后方可签字,才能使用。

2.吊篮式脚手架

吊篮式脚手架分为手动和电动两种。吊篮脚手架是在建筑物屋面通过特设的支撑点,利用挑梁或挑架的吊索具悬吊吊篮,进行外装饰工程操作的一种脚手架,其主要组成分为吊篮、支撑挑梁(挑架)、吊索具(包括钢丝绳或链杆或链条)及升降装置、保险绳和安全锁。

搭设使用吊篮式脚手架的安全操作规定如下:

(1)吊篮搭设构造必须遵照专项安全施工组织设计(施工方案)规定,组装或拆除时,应三人配合操作,严格按搭设程序作业,任何人不允许改变方案。

(2)吊篮的负载不得超过1176N/m²(120kg/m²),吊篮上的作业人员和材料要对称分布,不得集中在一头,保持吊篮负载平衡。

(3)升降吊篮的手扳葫芦应用3t以上的专用配套的钢丝绳。使用倒链应用2t以上的钢丝绳,承重的钢丝绳直径不小于12.5mm,吊篮两端应设保险绳,其直径与承重钢丝绳相同。绳卡不得少于三个,严禁使用有接头钢丝绳。

(4)承重钢丝绳与挑梁连接必须牢靠,并应有预防钢丝绳受剪的保护措施。

(5)吊篮的位置和挑梁的设置应根据建筑物实际情况而定。挑梁挑出的长度与吊篮的吊点必须保持垂直,安装挑梁时,应使挑梁探出建筑物一端稍高于另一端。挑梁在建筑物内外的两端应用杉槁或钢管连接牢固,成为整体。阳台部位的挑梁在挑出部分的顶端要加斜撑抱桩,斜撑下要加垫板,并且将受力的阳台板和以下的两层阳台板设立柱加固。

(6)吊篮可根据工程的需要组装单层或双层吊篮,双层吊篮要设爬梯,留出活动盖板,以便人员上下。

(7)吊篮长度一般不得超过8m,宽度以0.8～1m为宜。单层吊篮高度以2m,双层吊篮高度以3.8m为宜。用钢管为立杆的吊篮,立杆间距不得超过2.5m,单层吊篮至少设三道横杆,双层吊篮至少设五道横杆。

(8)以钢管组装的吊篮大、小面均需设戗;以焊接预制框架组装的吊篮,长度超过3m的大面要设戗。

(9)吊篮的脚手板必须铺平、铺严,并与横向水平杆固定牢,横向水平杆的间距可根据脚手板厚度而定,一般以0.5～1m为宜。吊篮作业层外排和两端小面均应设两道护身栏,并挂密目安全网封严,索死下角,里侧应设护身栏。

(10)以手扳葫芦为吊具的吊篮,钢丝绳穿好后,必须将保险板把卸掉,系牢保险绳或安全锁,并将吊篮与建筑物拉牢。

(11)吊篮里侧距建筑物100mm为宜,两吊篮之间间距不得大于200mm。不得将两个或几个吊篮连在一起同时升降,两个吊篮接头处应与窗口、阳台作业面错开。

(12)升降吊篮时,必须同时摇动所有手扳葫芦或拉动倒链,各吊点必须同时升降,保持吊篮平衡。吊篮升降时不要碰撞建筑物,特别是阳台、窗户等部位,应有专人负责推动吊篮,防止吊篮挂碰建筑物。

(13)吊篮使用期间,应经常检查吊篮防护、保险、挑梁、手扳葫芦、倒链和吊索等,发现隐患,应立即解决。

(14)吊篮组装、升降、拆除、维修必须由专业架子工进行。

3.门式脚手架

(1)脚手架搭设前必须对门架、配件、加固件应按规范进行检查验收,不合格的严禁使用。

(2)脚手架搭设场地应进行清理、平整夯实,并做好排水。

(3)地基基础施工应按门架专项安全施工组织设计(施工方案)和安全技术措施交底进行。基础上应先弹出门架立杆位置线,垫板、底座安放位置应准确。

(4)不配套的门架与配件不得混合使用于同一脚手架。门架安装应自一端向另一端延伸,不得相对进行。搭完一步后,应检查、调整其水平度与垂直度。

(5)交叉支撑、水平架和脚手板应紧随门架的安装及时设置。连接门架与配件的锁臂、搭钩必须锁住、锁牢。水平架和脚手板应在同一步内连续设置,脚手板必须铺满、铺严,不准有空隙。

(6)底层钢梯的底部应加设钢管并用扣件扣紧在门架的立杆上,钢梯的两侧均应设置扶手,每段梯可跨越两步或三步门架再行转折。

(7)护身栏杆、立挂密目安全网应设置在脚手架作业层外侧,门架立杆的内侧。

(8)加固杆、剪刀撑必须与脚手架同步搭设。水平加固杆应设于门架立杆内侧,剪刀撑应设于门架立杆外侧,并扣接牢固。

(9)连墙件的搭设必须随脚手架搭设同步进行,严禁滞后设置或搭设完毕后补做。当脚手架作业层高出相邻连墙件以上两步时,应采取确保稳定的临时拉接措施,直到连墙搭设完毕后,方可拆除。

(10)加固件、连墙件等与门架采用扣件连接,扣件规格必须与所连钢管外径相匹配,扣件螺栓拧紧,扭力矩宜为50～60N·m,并不得小于40N·m。

(11)脚手架搭设完毕或分段搭设完毕必须进行验收检查,合格签字后,交付使用。

(12)脚手架拆除必须按拆除方案和拆除安全技术措施交底规定进行。拆除前应清除架子上材料、工具和杂物,拆除时应设置警戒区和挂警戒标志,并派专人负责监护。

(13)拆除的顺序,应从一端向另一端,自上而下逐层地进行,同一层的构配件和加固件应按先上后下,先外后里的顺序进行,最后拆除连墙件。连墙件、通长水平杆和剪刀撑等必须在脚手架拆除到相关门架时,方可拆除。

(14)拆除的工人必须站在临时设置的脚手板上进行拆卸作业。拆除工作中,严禁使用榔头等硬物击打、撬挖。拆卸连接部件时,应先将锁座上的锁板与卡钩上的锁片旋转至开启位置,然后拆除,不得硬拉、敲击。

(15)拆下的门架、钢管与配件，应成捆用机械吊运或由井架传送至地面，防止碰撞，严禁抛掷。

4.附着升降脚手架

(1)安装、使用和拆卸附着升降脚手架的工人必须经过专业培训，并考试合格，未经培训的任何人(含架子工)严禁从事此操作。

(2)附着升降脚手架安装前必须认真组织学习"专项安全施工组织设计"(施工方案)和安全技术措施交底，研究安装方法，明确岗位责任。控制中心必须设专人负责操作，严禁未经同意人员操作。

(3)组装附着升降脚手架的水平梁及竖向主框架，在两相邻附着支撑结构处的高差应不大于20mm；竖向主框架和防倾导向装置的垂直偏差应不大于5‰和60mm；预留穿墙螺栓孔和预埋件应垂直于工程结构外表面，其中心误差小于15mm。

(4)附着升降脚手架组装完毕，必须经技术负责人组织进行检查验收，合格后签字，方准投入使用。

(5)升降操作必须严格遵守升降作业程序；严格控制并确保架子的荷载；所有妨碍架体升降的障碍物必须拆除；严禁任何人(含操作人员)停留在架体上，特殊情况必须经领导批准，采取安全措施后，方可实施。

(6)升降脚手架过程中，架体下方严禁有人进入，设置安全警戒区，并派人负责监护。

(7)严格按设计规定控制各提升点的同步性，相邻提升点间的高差不得大于30mm，整体架最大升降差不得大于80mm；升降过程中必须实行统一指挥，规范指令。升降指令只允许由总指挥一人下达。但当有异常情况出现时，任何人均可立即发出停止指令。

(8)架体升降到位后，必须及时按使用状况进行附着固定。在架体没有完成固定前，作业人员不得擅离岗位或下班。在未办理交付使用手续前，必须逐项进行点检，合格后，方准交付使用。

(9)严禁利用架体吊运物料和拉接吊装缆绳(索)；不准在架体上推车，不准任意拆卸结构件或松动连接件、移动架体上的安全防护设施。

(10)架体螺栓连接件、升降动力设备、防倾装置、防坠装置、电控设备等应定期(至少半月)检查维修保养一次和不定期的抽检，发现异常，应立即解决，严禁带病使用。

(11)六级以上强风停止升降或作业，复工时必须逐项检查并确保无安全隐患后，方准复工。

(12)附着升降脚手架的拆卸工作，必须按专项安全施工组织设计(施工方案)和安全技术措施交底规定要求执行，拆卸时必须按顺序先搭后拆、先上后下，先拆附件、后拆架体，必须有预防人员、物体坠落等措施，严禁向下抛扔物料。

五、里脚手架

1.满堂红脚手架(不含支模满堂红脚手架)

(1)承重的满堂红脚手架，立杆的纵、横向间距不得大于1.5m。纵向水平杆(顺水杆)每步间距离不得大于1.4m。檩杆间距不得超过750mm。脚手板应铺严、铺齐。立杆底部必须夯实，垫通板。

(2)装修用的满堂红脚手架，立杆纵、横向间距不得超过2m。靠墙的立杆应距墙面500～

600mm,纵向水平杆每步间隔不得大于 1.7m,檩杆间距不得大于 1m。搭设高度在 6m 以内的,可花铺脚手板,两块板之间间距应小于 200mm,板头必须用 12 号铁丝绑牢。搭设高度超过 6m 时,必须满铺脚手板。

(3)满堂红脚手架四角必须设抱角戗,戗杆与地面夹角应为 45°～60°。中间每四排立杆应搭设一个剪刀撑,一直到顶。每隔两步,横向相隔四根立杆必须设一道拉杆。

(4)封顶架子立杆,封顶处应设双扣件,不得露出杆头。运料应预留井口,井口四周应设两道护身栏杆,并加固定盖板,下方搭设防护棚,上人孔洞口处应设爬梯。爬梯步距不得大于 300mm。

2.砌砖用金属平台架

(1)金属平台架用直径 50mm 钢管作支柱,用直径 20mm 以上钢筋焊成桁架。使用前必须逐个检查焊缝的牢固和完整状况,合格后方可拼装。

(2)安放金属平台架地面与架脚接触部分必须垫 50mm 厚的脚手板。楼层上安放金属平台架,下层楼板底必须在跨中加顶支柱。

(3)平台架上脚手板应铺严,离墙空隙部分用脚手板铺齐。

(4)每个平台架使用荷载不得超过 2000kg(600 块砖、两桶砂浆)。

(5)几个平台架合并使用时,必须连接绑扎牢固。

3.升降式金属套管架

(1)金属套管架使用前,必须检查架子焊缝的牢固和插铁零件的齐全。套管焊缝开裂或锈蚀损坏不得使用。

(2)套管架应放平、垫稳。在土地上安放套管架,应垫 50mm 厚的木板。

(3)套管架间距,应根据各工种操作荷载的要求合理放置,一般以 1.5m 为宜,最大间距不得大于 2m。

(4)需要升高一级时,必须将插铁销牢。插铁销钉直径不得小于 10mm。如需升高到 2m 时,必须在两架之间绑一道斜撑拉牢,并加抛撑压稳。

六、挑脚手架(探海架子)

(1)挑脚手架的挑出部分最宽不得超过 1.5m,斜立杆间距不得超过 1.5m,挑出部分超过 1.5m 时,应严格按专项安全施工组织设计规定进行支搭。

(2)挑脚手架的斜支杆可支在下层窗台上并垫木板,斜杆上部与上层窗口的内侧应有横、竖别杠。别杠两端必须长于所别窗口 250mm 以上,每窗口至少两根。

(3)纵向水平杆至少搭设三道,横向水平杆间距不得大于 1m。脚手板铺严、铺平。

(4)挑脚手架纵向必须设剪刀撑或正反斜支撑。施工层搭设两道护身栏,立挂密目安全网,下角锁牢,护身栏必须高出檐口 1.5m。

(5)挑脚手架只能用于装修,严格控制施工荷载不超过 $1kN/m^2$。操作面下方按规定搭设水平安全网。

七、电梯安装井架

(1)电梯井架只准使用钢管搭设,搭设标准必须按安装单位提出的使用要求,遵照扣件式钢管脚手架有关规定搭设。

(2)电梯井架搭设完后,必须经搭设、使用单位的施工技术、安全负责人共同验收,合格后签字,方准交付使用。

(3)架子交付使用后任何人不得擅自拆改,因安装需要局部拆改时,必须经主管工长同意,由架子工负责拆改。

(4)电梯井架每步至少铺2/3的脚手板,所留的上人孔道要相互错开,留孔一侧要搭设一道护身栏杆。脚手板铺好后,必须固定,不准任意移动。

(5)采用电梯自升安装方法施工时,所需搭设的上下临时操作平台,必须符合脚手架有关规定。在上层操作平台的下面要满铺脚手板或满挂安全网。下层操作平台做到不倾斜、不摇晃。

八、浇灌混凝土脚手架

(1)立杆间距不得超过1.5m,土质松软的地面应夯实或垫板,并加设扫地杆。

(2)纵向水平杆不得少于两道,高度超过4m的架子,纵向水平杆不得大于1.7m。架子宽度超过2m时,应在跨中加吊一根纵向水平杆,每隔两根立杆在下面加设一根托杆,使其与两旁纵向水平杆互相连接,托杆中部搭设八字斜撑。

(3)横向水平杆间距不得大于1m。脚手板铺对头板,板端底下设双横向水平杆,板铺严、铺牢。脚手板搭接铺设时,端头必须压过横向水平杆150mm。

(4)架子大面必须设剪刀撑或八字戗,小面每隔两根立杆和纵向水平杆搭接部位必须打剪刀戗。

(5)架子高度超过2m时,临边必须搭设两道护身栏杆。

九、外电架空线路安全防护脚手架

(1)外电架空线路安全防护脚手架应使用剥皮杉木、落叶松等作为杆件,腐朽、折裂、枯节等易折木杆和易导电材料不得使用。

(2)外电架空线路安全防护脚手架应高于架空线1.5m。

(3)立杆应先挖杆坑,深度不小于500mm,遇有土质松软,应设扫地杆。立杆时必须2～3人配合操作。

(4)纵向水平杆应搭设在立杆里侧,搭设第一步纵向水平杆时,必须检查立杆是否立正,搭设至四步时,必须搭设临时抛撑和临时剪刀撑。搭设纵向水平杆时,必须2～3人配合操作,由中间一人接杆、放平,由大头至小头顺序绑扎。

(5)剪刀撑杆子不得蹩绑,应贴在立杆上,剪刀撑下桩杆应选用粗壮较大杉槁,由下方人员找好角度再由上方人员依次绑扎。剪刀撑上桩(封顶)椽子应大头朝上,顶着立杆绑在纵向水平杆上。

(6)两杆连接,其有效搭接长度不得小于1.5m,两杆搭接处绑扎不少于三道。杉槁大头必须绑在十字交叉点上。相邻两杆的搭接点必须相互错开,水平及斜向接杆,小头应压在大头上边。

(7)递杆(拔杆)上下、左右操作人员应协调配合,拔杆人员应注意不碰撞上方人员和已绑好的杆子,下方递杆人员应在上方人员中接住杆子呼应后,方可松手。

(8)遇到两根交叉必须绑扣,绑扎材料,可用扎绑绳。如使用铅丝严禁碰触外电架空线。

铅丝扣不得过松、过紧,应使四根铅丝敷实均匀受力,拧扣以一扣半为宜,并将铅丝末端弯贴在杉槁外皮,不得外翘。

➢十、坡道(斜道)

(1)脚手架运料坡道宽度不得小于 1.5m,坡度以 1∶6(高∶长)为宜。人行坡道,宽度不得小于 1m,坡度不得大于 1∶3.5。

(2)立杆、纵向水平杆间距应与结构脚手架相适应,单独坡道的立杆、纵向水平杆间距不得超过 1.5m。横向水平杆间距不得大于 1m,坡道宽度大于 2m 时,横向水平杆中间应加吊杆,并每隔一根立杆在吊杆下加绑托杆和八字戗。

(3)脚手板应铺严、铺牢。对头搭接时板端部分应用双横向水平杆。搭接板的板端应搭过横向水平杆 200mm,并用三角木填顺板头凸棱。斜坡坡道的脚手板应钉防滑条,防滑条厚度为 30mm,间距不得大于 300mm。

(4)之字坡道的转弯处应搭设平台,平台面积应根据施工需要,但宽度不得小于 1.5m。平台应绑剪刀撑或八字戗。

(5)坡道及平台必须绑两道护身栏杆和 180mm 高度的挡脚板。

➢十一、安全网

(1)各类建筑施工中必须按规定搭设安全网。安全网分为平支网和立挂网两种。安全网搭设要搭接严密、牢固、外观整齐,网内不得存留杂物。

(2)安全网绳不得损坏和腐朽,搭设好的水平安全网在承受 100kg 重、表面积 2800kg/cm^2 的砂袋假人从 10m 高处的冲击后,网绳、系绳、边绳不断。搭设安全网支撑杆间距不得大于 4m。

(3)无外脚手架或采用单排外脚手架和工具式脚手架时,凡高度在 4m 以上的建筑物,首层四周必须支固定 3m 宽的水平安全网(20m 以上的建筑物搭设 6m 宽双层安全网),网底距下方物体表面不得小于 3m(20m 以上的建筑物不得小于 5m)。安全网下方不得堆物品。

(4)在建工程 20m 以上的建筑每隔 4 层(10m)要固定一道 3m 宽的水平安全网。安全网的外边沿要明显高于内边沿 50～60cm。

(5)扣件式钢管外脚手架,必须立挂密目安全网沿外架子内侧进行封闭,安全网之间必须连接牢固,并与架体固定。

(6)工具式脚手架必须立挂密目安全网沿外排架子内侧进行封闭,并按标准搭设水平安全网防护。

(7)20m 以上建筑施工的安全网一律用组合钢管角架挑支,用钢丝绳绷拉,其外沿要高于内口,并尽量绷直,内口要与建筑锁牢。

(8)在施工程的电梯井、采光井、螺旋式楼梯口,除必须设金属可开启式安全防护门外,还应在井口内首层并每隔 4 层固定一道水平安全网。

(9)无法搭设水平安全网的,必须逐层立挂密目安全网全封闭。搭设的水平安全网,直至没有高处作业时方可拆除。

➢十二、龙门架及井架

(1)龙门架及井架的搭设和使用必须符合行业标准《龙门架及井架物料提升机安全技术规范》规定要求。

(2)扣件式钢管井架搭设的材料规格与本节关于脚手架的材料要求相同。

(3)立杆和纵向水平杆的间距均不得大于1m,立杆底端应安放铁板墩,夯实后垫板。

(4)井架四周外侧均应搭设剪刀撑一直到顶,剪刀撑斜杆与地面夹角为60°。

(5)平台的横向水平杆的间距不得大于1m,脚手板必须铺平、铺严,对头搭接时应用双横向水平杆,搭接时板端应超过横向水平杆15cm,每层平台均应设护身栏和挡脚板。

(6)两杆应用对接扣件连接,交叉点必须用扣件,不得绑扎。

(7)天轮架必须搭设双根天轮木,并加顶桩钢管或八字杆,用扣件卡牢。

(8)组装三角柱式龙门架,每节立柱两端焊法兰盘。拼装三角柱架时,必须检查各部件焊口牢固,各节点螺栓必须拧紧。

(9)两根三角立柱应连接在地梁上,地梁底部要有锚铁并埋入地下防止滑动,埋地梁时地基要平并应夯实。

(10)各楼层进口处,应搭设卸料过桥平台,过桥平台两侧应搭设两道护身栏杆,并立挂密目安全网,过桥平台下口落空处应搭设八字戗。

(11)井架和三角柱式龙门架,严禁与电气设备接触,并应有可靠的绝缘防护措施。高度在15m以上时应有防雷设施。

(12)井架、龙门架必须设置超高限位、断绳保险,机械、手动或连锁定位托杠等安全防护装置。

(13)架高在10～15m应设一组缆风绳,每增高10m加设一组,每组四根,缆风绳应用直径不小于12.5mm钢丝绳,按规定埋设地锚,缆风绳严禁捆绑在树木、电线杆、构件等物体上。并禁止使用别杠调节钢丝绳长度。

(14)龙门架、井架首层进料口一侧应搭设长度不小于2m的安全防护棚,另三侧必须采取封闭措施。每层卸料平台和吊笼(盘)出入口必须安装安全门,吊笼(盘)运行中不准乘人。

(15)龙门架、井架的导向滑轮必须单独设置牢固地锚,导向滑轮至卷阳机卷筒的钢丝绳,凡经通道处均应予以遮护。

(16)天轮与最高一层上料平台的垂直距离应不小于6m,使吊笼(盘)上升最高位置与天轮间的垂直距离不小于2m。

➢十三、拆除脚手架

(1)脚手架拆除程序,应由上而下按层按步地拆除,先拆护身栏、脚手板和横向水平杆,再依次拆剪刀撑的上部扣件和接杆。拆除全部剪刀撑、抛撑以前,必须搭设临时加固斜支撑,预防架倾倒。

(2)拆脚手架杆件,必须由2～3人协同操作,拆纵向水平杆时,应由站在中间的人向下传递,严禁向下抛掷。

(3)拆除作业区的周围及进出口处,必须派专人瞭望,严禁非作业区人员进入危险区域,拆除大片架子应加临时围栏。作业区内电线及其他设备有妨碍时,应事先与有关部门联系拆除、转移或加防护。

(4)拆除全部过程中,应指派一名责任心强、技术水平高的工人担任指挥和监护,并负责任拆除撤料和监护操作人员的作业。

(5)已拆下的材料必须及时清理,运至指定地点码放。

(6)拆至底部时,应先加临时固定措施后,再拆除。

十四、季节性施工安全技术措施

(1)冬季施工,要符合冬季施工的要求,遇雪霜天气时,要首先清扫场地及脚手架操作面的雪霜。

(2)工地办公室、食堂、职工宿舍生火炉保温取暖,禁止职工使用电褥、电炉以及使用木柴烤火取暖。

(3)夏季施工天气炎热高温、多雨,要采取防风、防雨措施,在遇六级以上大风时,吊车禁止使用,所有电器设备关闸断电。大风雨过后,上架作业前先检查安全防护措施安全可靠后,再进行施工。

(4)场地周围要保持排水畅通,要经常检查脚手架绑扎绳是否霉烂,霉烂变质的必须及时更换。

(5)工地重点防火区域,要落实到人,专人管理,严防火灾事故的发生。

(6)夏季施工,应合理调整职工的作息时间,并供应充足的降温防暑食品,避免高温施工,严防中暑事故的发生。

(7)职工宿舍通风良好,严禁使用微风扇降温,并且教育职工不到水库、大坝等水域洗澡。

(8)教育职工在上、下班途中做文明使者,遵守交通规则。

第四节　模板工程

一、模板安装规定

(1)作业前应认真检查模板、支撑等构件是否符合要求,钢模板有无严重锈蚀或变形,木模板及支撑材质是否合格。

(2)地面上的支模场地必须平整夯实,并同时排除现场的不安全因素。

(3)模板工程作业高度在 2m 和 2m 以上时,必须设置安全防护设施。

(4)操作人员登高必须走人行梯道,严禁利用模板支撑攀登上下,不得在墙顶、独立梁及其他高处狭窄而无防护的模板面上行走。

(5)模板的立柱顶撑必须设牢固的拉杆,不得与门窗等不牢靠和临时物件相连接。模板安装过程中,不得间歇,柱头、搭头、立柱顶撑、拉杆等必须安装牢固成整体后,作业人员才允许离开。

(6)基础及地下工程模板安装,必须检查基坑土壁边坡的稳定状况,基坑上口边沿 1m 以内不得堆放模板及材料。向槽(坑)内运送模板构件时,严禁抛掷。使用溜槽或起重机械运送时,下方操作人员必须远离危险区域。

(7)组装立柱模板时,四周必须设牢固支撑,如柱模在 6m 以上,应将几个柱模连成整体。

支设独立梁模应搭设临时操作平台,不得站在柱模上操作和在梁底模上行走和立侧模。

二、模板拆除规定

(1)拆模必须满足拆模时所需混凝土强度,经工程技术领导同意,不得因拆模而影响工程质量。

(2)拆模的顺序和方法。应按照先支后拆、后支先拆的顺序;先拆非承重模板,后拆承重的模板及支撑;在拆除用小钢模板支撑的顶板模板时,严禁将支柱全部拆除后,一次性拉拽拆除。已拆活动的模板,必须一次连续拆除完,方可停歇,严禁留下安全隐患。

(3)拆模作业时,必须设警戒区,严禁下方有人进入。拆模作业人员必须站在平稳牢固可靠的地方,保持自身平衡,不得猛撬,以防失稳坠落。

(4)严禁用吊车直接吊除没有撬松动的模板,吊运大型整体模板时必须拴结牢固,且吊点平衡,吊装、运大钢模时必须用卡环连接,就位后必须拉接牢固方可卸除吊环。

(5)拆除电梯井及大型孔洞模板时,下层必须支搭安全网等可靠防坠落措施。

(6)拆除的模板支撑等材料,必须边拆、边清、边运、边码垛。楼层高处拆下的材料,严禁向下抛掷。

第五节　起重吊装作业

一、一般规定

(1)起重工必须经专门安全技术培训,考试合格持证上岗。严禁酒后作业。

(2)起重工应健康,两眼视力均不得低于1.0,无色盲、听力障碍、高血压、心脏病、癫痫病、眩晕、突发性昏厥及其他影响起重吊装作业的疾病与生理缺陷。

(3)作业前必须检查作业环境、吊索具、防护用品;吊装区域无闲散人员,障碍已排除;吊索具无缺陷,捆绑正确牢固,被吊物与其他物件无连接;确认安全后方可作业。

(4)轮式或履带式起重机作业时必须确定吊装区域,并设警戒标志,必要时派人监护。

(5)大雨、大雪、大雾及风力六级以上(含六级)等恶劣天气,必须停止露天起重吊装作业。严禁在带电的高压线下或一侧作业。

(6)在高压线垂直或水平方向作业时,必须保持如表9-4所列的最小安全距离。

表9-4　起重机与架空输电导线的最小安全距离

输电导线电压(kV)	1以下	1~15	20~40	60~110	220
允许沿输电导线垂直方向最近距离(m)	1.5	3	4	5	6
允许沿输电导线水平方向最近距离(m)	1	1.5	2	4	6

(7)起重机司机、指挥信号工、挂钩工必须具备下列操作能力。

①起重机司机必须熟知下列知识和操作能力:

A. 所操纵起重机的构造和技术性能。

B. 起重机安全技术规程、制度。

C. 起重量、变幅、起升速度与机械稳定性的关系。

D. 钢丝绳的类型、鉴别、保养与安全系数的选择。

E. 一般仪表的使用及电气设备常见故障的排除。

F. 钢丝绳接头的穿结(卡接、插接)。

G. 吊装构件重量计算。

H. 操作中能及时发现或判断各机构故障,并能采取有效措施。

I. 制动器突然失效能作紧急处理。

②指挥信号工必须熟知下列知识和操作能力:

A. 应掌握所指挥起重机的技术性能和起重工作性能,能定期配合司机进行检查,能熟练地运用手势、旗语、哨声和通讯设备。

B. 能看懂一般的建筑结构施工图,能按现场平面布置图和工艺要求指挥起吊、就位构件、材料和设备等。

C. 掌握常用材料的重量和吊运就位方法及构件重心位置,并能计算非标准构件和材料的重量。

D. 正确地使用吊具、索具,编插各种规格的钢丝绳。

E. 有防止构件装卸、运输、堆放过程中变形的知识。

F. 掌握起重机最大起重量和各种高度、幅度时的起重量,熟知吊装、起重有关知识。

G. 具备指挥单机、双机或多机作业的指挥能力。

H. 严格执行“十不吊”的原则,即:被吊物重量超过机械性能允许范围不吊;信号不清不吊;吊物下方有人不吊;吊物上站人不吊;埋有地下物不吊;斜拉斜牵物不吊;散物捆绑不牢不吊;立式构件、大模板等不用卡环不吊;零碎物无容器不吊;吊装物重量不明不吊。

③挂钩工必须相对固定并熟知下列知识和操作能力:

A. 必须服从指挥信号的指挥。

B. 熟练运用手势、旗语、哨声的使用。

C. 熟悉起重机的技术性能和工作性能。

D. 熟悉常用材料重量,构件的重心位置及就位方法。

E. 熟悉构件的装卸、运输、堆放的有关知识。

F. 能正确使用吊索具和各种构件的拴挂方法。

(8)作业时必须执行安全技术交底,听从统一指挥。

(9)使用起重机作业时,必须正确选择吊点的位置,合理穿挂索具并进行试吊。除指挥及挂钩人员外,严禁其他人员进入吊装作业区。

(10)使用两台吊车抬吊大型构件时,吊车性能应一致,单机荷载应合理分配,且不得超过额定荷载的80%。作业时必须统一指挥,动作一致。

➢二、基本操作

(1)穿绳:确定吊物重心,选好挂绳位置。穿绳应用铁钩,不得将手臂伸到吊物下面。吊运棱角坚硬或易滑的吊物,必须加衬垫,用套索。

(2)挂绳：应按顺序挂绳，吊绳不得相互挤压、交叉、扭压、绞拧。一般吊物可用兜挂法，必须保护吊物平衡，对于易滚、易滑或超长货物，宜采用绳索方法，使用卡环锁紧吊绳。

(3)试吊：吊绳套挂牢固，起重机缓慢起升，将吊绳绷紧稍停，起升不得过高。试吊中，指挥信号工、挂钩工、司机必须协调配合。如发现吊物重心偏移或其他物件粘连等情况时，必须立即停止起吊，采取措施并确认安全后方可起吊。

(4)摘绳：落绳、停稳、支稳后方可放松吊绳。对易滚、易滑、易散的吊物，摘绳要用安全钩。挂钩工不得站在吊物上面。如遇不易人工摘绳时，应选用其他机具辅助，严禁攀登吊物及绳索。

(5)抽绳：吊钩应与吊物重心保持垂直，缓慢起绳，不得斜拉、强拉，不得旋转吊壁抽绳。如遇吊绳被压，应立即停止抽绳，可采取提头试吊方法抽绳。吊运易损、易滚、易倒的吊物不得使用起重机抽绳。

(6)吊挂作业应遵守以下规定：

①兜绳吊挂应保持吊点位置准确、兜绳不偏移、吊物平衡。

②锁绳吊挂应便于摘绳操作。

③卡具吊挂时应避免卡具在吊装中被碰撞。

④扁担吊挂时，吊点应对称于吊物中心。

(7)捆绑作业应遵守以下规定：

①捆绑必须牢固。

②吊运集装箱等箱式吊物装车时，应使用捆绑工具将箱体与车连接牢固，并加垫防滑。

③管材、构件等必须用紧线器紧固。

(8)新起重工具、吊具应按说明书检验，试吊后方可正式使用。

(9)长期不用的超重、吊挂机具，必须进行检验、试吊，确认安全后方可使用。

(10)钢丝绳、套索等的安全系数不得小于 8～10。

三、三脚架(三木搭)吊装

(1)作业前必须按安全技术交底要求选用机具、吊具、绳索及配套材料。

(2)作业前应将作业场地整平、压实。三脚架(三木搭)底部应支垫牢固。

(3)三脚架顶端绑扎绳以上伸出长度不得小于 60cm，捆绑点以下三杆长度应相等并用钢丝绳连接牢固，底部三脚距离相等，且为架高的 1/3 至 2/3。相邻两杆用排木连接，排木间距不得大于 1.5m。

(4)吊装作业时必须设专人指挥。试吊时应检查各部件，确认安全后方可正式操作。

(5)移动三脚架时必须设专人指挥，由三人以上操作。

四、构件及设备的吊装

(1)作业前应检查被吊物、场地、作业空间等，确认安全后方可作业。

(2)作业时应缓起、缓转、缓移，并用控制绳保持吊物平稳。

(3)移动构件、设备时，构件、设备必须和拍子连接牢固，保持稳定。道路应坚实平整，作业人员必须听从统一指挥，协调一致。使用卷扬机移动构件或设备时，必须用慢速卷扬机。

(4)码放构件的场地应坚实平整，码放后应支撑牢固、稳定。

(5)吊装大型构件使用千斤顶调整就位时，严禁两端千斤顶同时起落；一端使用两个千斤顶调整就位时，起落速度应一致。

(6)超长型构件运输中，悬出部分不得大于总长的1/4，并应采取防护倾覆措施。

(7)暂停作业时，必须把构件、设备支撑稳定，连接牢固后方可离开现场。

➢五、吊索具

(1)作业时必须根据吊物的重量、体积、形状等选用合适的吊索具。

(2)严禁在吊钩上补焊、打孔。吊钩表面必须保持光滑，不得有裂纹。严禁使用危险断面磨损程度达到原尺寸的10%、钩口开口度尺寸比原尺寸增大15%、扭转变形超过10%、危险断面或颈部产生塑性变形的吊钩。板钩衬套磨损达原尺寸的50%时，应报废衬套。板钩心轴磨损达原尺寸的5%时，应报废心轴。

(3)编插钢丝绳索具宜用6×37的钢丝绳。编插段的长度不得小于钢丝绳直径的20倍，且不得小于300mm。编插钢丝绳的强度应按原钢丝绳强度的70%计算。

(4)吊索的水平夹角应大于45°。

(5)使用卡环时，严禁卡环侧向受力，起吊前必须检查封闭销是否拧紧。不得使用有裂纹、变形的卡环。严禁用焊补方法修复卡环。

(6)凡有下列情况之一的钢丝绳不得继续使用：

①在一个节距内的断丝数量超过总丝数的10%。

②出现拧扭死结、死弯、压扁、股松明显、波浪形、钢丝外飞、绳芯挤出以及断股等现象。

③钢丝绳直径减少7%～10%。

④钢丝绳表面钢丝磨损或腐蚀程度，达表面钢丝直径的40%以上，或钢丝绳被腐蚀后，表面麻痕清晰可见，整根钢丝绳明显变硬。

(7)使用新购置的吊索具前应检查其合格证，并试吊以确认其安全性。

第六节　塔式起重机

➢一、操作前检查

(1)上班必须进行交接班手续，检查机械履历书及交接班记录等的填写情况及记载事项。

(2)操作前应松开夹轨器，按规定的方法将夹轨器固定。清除行走轨道的障碍物，检查路轨两端行走限位止挡离端头不小于2～3m，并检查道轨的平直度、坡度和两轨道的高差，应符合塔机的有关安全技术规定，路基不得有沉陷、溜坡、裂缝等现象。

(3)轨道安装后，必须符合下列规定：

①两轨道的高度差不大于1/1000。

②纵向和横向的坡度均不大于1/1000。

③轨距与名义值的误差不大于1/1000，其绝对值不大于6mm。

④钢轨接头间隙在2～4mm之间，接头处两轨顶高度差不大于2mm，两根钢轨接头必须错开1.5m。

(4)检查各主要螺栓的紧固情况，焊缝及主角钢无裂纹、开焊等现象。

(5)检查机械传动的齿轮箱、液压油箱等的油位符合标准。

(6)检查各部制动轮、制动带(蹄)无损坏,制动灵敏;吊钩、滑轮、卡环、钢丝绳应符合标准;安全装置(力矩限制器、重量限制器、行走、高度变幅限位及大钩保险等)灵敏、可靠。

(7)操作系统、电气系统接触良好,无松动、无导线裸露等现象。

(8)对于带有电梯的塔机,必须验证各部安全装置安全可靠。

(9)配电箱在送电前,联动控制器应在零位。合闸后,检查金属结构部分无漏电方可上机。

(10)所有电气系统必须有良好的接地或接零保护。每20m作一组接地,不得与建筑物相连,接地电阻不得大于4欧。

(11)起重机各部位在运转中1m以内不得有障碍物。

(12)塔式起重机操作前应进行空载运转或试车,确认无误方可投入生产。

二、安全操作

(1)司机必须按所驾驶塔式起重机的起重性能进行作业。

(2)机上各种安全保护装置在运转中发生故障、失效或不准确时,必须立即停机修复,严禁带病作业和在运转中进行维修保养。

(3)司机必须在佩有指挥信号袖标的人员指挥下严格按照指挥信号、旗语、手势进行操作。操作前应发出音响信号,对指挥信号辨不清时不得盲目操作。对指挥错误有权拒绝执行或主动采取防范或相应紧急措施。

(4)起重量、起升高度、变幅等安全装置显示或接近临界警报值时,司机必须严密注视,严禁强行操作。

(5)操作时司机不得闲谈、吸烟、看书报和做其他与操作无关事情,不得擅离操作岗位。

(6)当吊钩滑轮组起升到接近起重臂时应用低速起升。

(7)严禁重物自由下落,当起重物下降接近就位点时,必须采取慢速就位。重物就位时,可用制动器使之缓慢下降。

(8)使用非直撞式高度限位器时,高度限位器调整为:吊钩滑轮组与对应的最低零件的距离不得小于1m,直撞式不得小于1.5m。

(9)严禁用吊钩直接悬挂重物。

(10)操纵控制器时,必须从零点开始,推到第一挡,然后逐级加挡,每挡停1~2s,直至最高挡。当需要传动装置在运动中改变方向时,应先将控制器拉到零位,待传动停止后再逆向操作,严禁直接变换运转方向。对慢就位挡有操作时间限制的塔式起重机,必须按规定时间使用,不得无限制使用慢就位挡。

(11)操作中平移起重物时,重物应高于其所跨越障碍物高度至少100mm。

(12)起重机行走到接近轨道限位时,应提前减速停车。

(13)起吊重物时,不得提升悬挂不稳的重物,严禁在提升的物体上附加重物,起吊零散物料或异形构件时必须用钢丝绳捆绑牢固,应先将重物吊离地面约50cm停住,确定制动、物料绑扎和吊索具,确认无误后方可指挥起升。

(14)起重机在夜间工作时,必须有足够的照明。

(15)起重机在停机、休息或中途停电时,应将重物卸下,不得把重物悬吊在空中。

(16)操作室内,无关人员不得进入,禁止放置易燃物和妨碍操作的物品。

(17)起重机严禁乘运或提升人员。起落重物时,重物下方严禁站人。

(18)起重机的臂架和起重物件必须与高低压架空输电线路有安全距离,应遵守相关安全的规定要求。

(19)两台搭式起重机同在一条轨道上或两条相平行的或相互垂直的轨道上进行作业时,应保持两机之间任何部位的安全距离最小不得低于5m。

(20)遇有下列情况时,应暂停吊装作业:

①遇有恶劣气候,如大雨、大雪、大雾和施工作业面有六级(含六级)以上的强风影响安全施工时。

②起重机发生漏电现象。

③钢丝绳严重磨损,达到报废标准。

④安全保护装置失效或显示不准确。

(21)司机必须经由扶梯上下,上下扶梯时严禁手携工具物品。

(22)严禁由塔机上向下抛掷任何物品或便溺。

(23)冬季在塔机操作室取暖时,应采取防触电和火灾的措施。

(24)凡有电梯的塔式起重机,必须遵守电梯的使用说明书中的规定,严禁超载和违反操作程序。

(25)多机作业时,应避免两台或两台以上塔式起重机在回转半径内重叠作业。特殊情况,需要重叠作业时,必须保证臂杆的垂直安全距离和起吊物料时相互之间的安全距离,并有可靠安全技术措施经主管技术领导批准后方可施工。

(26)动臂式起重机在重物吊离地面后起重、回转、行走三种动作可以同时进行,但变幅只能单独进行,严禁带载变幅。允许带载变幅的起重机,在满负荷或接近满负荷时,不得变幅。

(27)起升卷扬不安装在旋转部分的起重机,在起重作业时,不得顺一个方向连续回转。

(28)装有机械式力矩限制器的起重机,在多次变幅后,必须根据回转半径和该半径时的额定负荷,对超负荷限位装置的吨位指示盘进行调整。

(29)弯轨路基必须符合规定,起重机拐弯时应在外轨面上撒上沙子,内轨轨面及两翼涂上润滑脂。配重箱应转至拐弯外轮的方向。严禁在弯道上进行吊装作业或吊重物转弯。

➢三、停机后检查

(1)塔式起重机停止操作后,必须选择塔式起重机回转时无障碍物和轨道中间合适的位置及臂顺风向停机,并锁紧全部的夹轨器。

(2)凡是回转机构带有常闭或制动装置的塔式起重机,在停止操作后,司机必须搬开手柄,松开制动,以便起重机能在大风吹动下顺风向转动。

(3)应将吊钩起升到距起重臂最小距离不大于5m位置,吊钩上严禁吊挂重物。在未采取可靠措施时,不得采用任何方法限制起重臂随风转动。

(4)必须将各控制器拉到零位,拉下配电箱总闸,收拾好工具,关好操作室及配电室(柜)的门窗,拉断其他闸箱的电源,打开高空指示灯。

(5)在无安全防护栏杆的部位进行检查、维修、加油、保养等工作时,必须系好安全带。

(6)作业完毕后,吊钩小车及平衡重应移到非工作状态位置上。

(7)填写机械履历书及其规定的报表。

➢四、附着、顶升作业

(1)附着式固定式起重机的基础和附着的建筑物其受力强度必须满足塔机的设计要求。

(2)附着时应用经纬仪检查塔身的垂直并用撑杆调整垂直度,其垂直度偏差不得超过2/1000。

(3)每道附着装置的撑杆布置方式、相互间隔和附墙距离应符合原生产厂家规定。

(4)附着装置在塔身和建筑物上的框架,必须固定可靠,不得有任何松动。

(5)轨道式塔式起重机作附着式使用时,必须加强轨道基础的承载能力和切断行走电机的电源。

(6)风力在四级以上时不得进行顶升、安装、拆卸作业,作业时如突然遇到风力加大,必须立即停止作业,并将塔身固定。

(7)顶升前必须检查液压顶升系统各部件的连接情况,并调整好爬升架滚轮与塔身的间隙,然后放松电缆,其长度略大于总的顶升高度,并紧固好电缆卷筒。

(8)顶升操作的人员必须是经专业培训考试合格的专业人员,并分工明确,专人指挥,非操作人员不得登上顶升套架的操作台,操作室内只准一人操作,必须听从指挥。

(9)顶升作业时,必须使塔机处于顶升平衡状态,并将回转部分制动住。严禁旋转臂杆及其他作业。顶升发生故障,必须立即停止,待故障排除后方可继续顶升。

(10)顶升到规定自由行走高度时,必须将搭身附着在建筑物上再继续顶升。

(11)顶升完毕应检查各连接螺栓按规定的预紧力矩紧固,爬升套架滚轮与塔身应吻合良好,左右操纵杆应在中间位置,并切断液压顶升机构电源。

(12)塔尖安装完毕后,必须保证塔身平衡。严禁只上一侧臂就下班或离开安装作业现场。

(13)塔身锚固装置拆除后,必须随之把塔身落到规定的位置。

(14)塔机在顶升拆卸时,禁止塔身标准节未安装接牢以前离开现场,不得在牵引平台上停放标准节(必须停放时要捆牢)或把标准节挂在起重钩上就离开现场。

➢五、安装、拆卸和轨道铺设

(1)塔式起重机安装、拆卸应遵守以下规定:

①凡从事塔式起重机安装、拆卸操作人员必须经安全技术培训,考试合格后方可从事安装、拆卸工作。

②塔式起重机安装、拆卸的人员,应身体健康,并应每年进行一次体检,凡患有高血压、心脏病、色盲、高度近视、耳背、癫痫、晕高或严重关节炎等疾病者,不宜从事此项操作。

③安装、拆卸人员必须熟知被安装、拆卸的塔式起重机的结构、性能和工艺规定。必须懂得起重知识,对所安装、拆卸部件应选择合适的吊点和吊挂部位,严禁由于吊挂不当造成零部件损坏或造成钢丝绳的断裂。

④操作前必须对所使用的钢丝绳、卡环、吊钩、板钩等各种吊具、索具进行检查,凡不合格者不得使用。

⑤起重同一个重物时,不得将钢丝绳和链条等混合同时使用于捆扎或吊重物。

⑥在安装、拆卸过程中的任何一个部分发生故障应及时报告,必须由专业人员进行检修,严禁自行动手修理。

⑦安装过程中发现不符合技术要求的零部件不得安装。特殊情况必须由主管技术负责人审查同意,方可安装。

⑧塔式起重机安装后,在无负荷情况下,塔身与地面的垂直偏差不得超过2/1000,塔式起重机的安装、拆卸必须认真执行专项安全施工组织设计(施工方案)和安全技术措施交底,并应统一指挥、专人监护。塔身上不得悬挂任何标语牌。

⑨安装、拆卸高处作业时,必须穿防滑鞋并系好安全带。

(2)塔式起重机轨道铺设应遵守以下规定:

①固定式塔式起重机基础必须设置钢筋混凝土基础,该基础必须能够承受工作状态下的最大载荷,并应满足塔机基础的横向偏差、纵向偏差、轨距偏差等项要求。

②轨道不得直接敷设在地下建筑物上面(如暗沟、人防等设施)。

③敷设碎石前的路面,必须压实。轨道碎石基础必须整平捣实,道木之间应填满碎石。钢轨接头处必须有道木支承,不得悬空。

路基两侧或中间应设排水沟,路基不得积水。道碴层厚度不得少于20cm(枕木上、下各10cm);渣石粒径为25～60mm。

④起重机轨道应通过垫块与道木连接。轨道每间隔6m设轨距拉杆一个。

⑤塔式起重机的轨铺应设不少于两组接地装置。轨道较长的每隔20m应加一组接地装置,接地电阻不大于4Ω。

⑥路基土壤承载力必须符合专项安全施工组织设计(施工方案)规定的要求。

⑦距轨道终端1.5m处必须设置极限位置阻挡器,其高度应不小于行走半径。

⑧冬季施工时轨道上的积雪、冰霜必须及时清除干净。起重机在施工期内,每周或雨、雪后应对轨道基础进行检查,发现不符合规定,应及时调整。

⑨塔机的轨道铺设完毕,必须经有关人员检查验收合格后方可进行塔机的安装。

⑩塔机行走范围内的轨道中间严禁堆放任何物料。

第七节　冬季施工安全技术措施

(1)工地严禁利用电炉、电褥以及用木炭烤火取暖。

(2)脚手架上、下人的梯道应有防滑措施,并应及时清除冰霜,同时在解冻期间应随时检查脚手架的稳定情况。

(3)砌筑时,掉在脚手架上的砂浆、碎砖等应随时清除,下班前必须打扫干净,以防跌倒,坠落伤人。

(4)跨度较大的梁及1.5m跨度以上的过梁和支承悬墙的结构,在解冻前必须在结构下面加设临时支柱,以支承结构上砌体的全部重量,并随砌体的沉降,调整临时支柱上的楔子,严防墙体开裂而坍塌。

(5)在解冻期内应对砌体采用防倾斜的临时加固支撑。硬化的初期,临时加固支撑应继续留置,时间不少于5天,在墙体全部解冻,且砂浆未达到设计强度的20%时,应暂停上部的一切施工。

(6)浇筑混凝土的临时运输马道、平台等应牢固平稳,大风雪后要认真清扫,并及时消除隐患。

(7)在模板拆除过程中,如发现有冻害现象,应暂停,经处理后方可继续操作,对已拆除模板的应用保温材料用混凝土加以遮盖。

(8)各种电缆线架设要牢固,以防冻解时电杆倾斜造成不安全因素的发生。

(9)冬季用煤或焦炭作燃料取暖时,应有良好的通风措施,以防煤气中毒。

(10)冬季施工前组织现场职工进行冬季安全生产教育和消防安全教育。

第十章

建设项目竣工环境保护验收

建设项目从筹建到竣工投产全过程可以分为项目建议书、可行性研究、设计、建设、试生产五个阶段。正式生产运行前环境管理的重要内容是要完成环境保护检查和竣工环境保护验收。环境保护设施的建设和投产前的环境保护验收，是环境影响评价制度的延伸，环境影响评价文件的审批、环境保护设施的设计、建设和施工期的环境保护监督检查以及竣工环境保护验收，构成了建设项目的全过程环境管理。

第一节 "三同时"制度与环境保护验收

"三同时"是我国特有的环境管理制度，国际上通常在环境影响评价概念中，把根据环境影响评价提出的防治污染和生态破坏的措施、设施的建设和落实及建成后的监督监测，看做是环境影响评价的一部分，是一个完整的全过程。我国由于"三同时"制度先于环境影响评价制度的建立，建设项目环境管理就人为分成了两个阶段。"三同时"管理制度与环境影响评价制度是有效贯彻"预防为主、防治结合"方针，防止新污染和生态破坏，实施可持续发展战略的两大根本性措施。

一、"三同时"制度的由来

1972 年在国务院批转《国家计委、国家建委关于官厅水库污染情况和解决意见的报告》中首次提出了"工厂建设和'三废'利用工程要同时设计、同时施工、同时投产"的要求。1973 年第一次全国环境保护工作会议上，经与会代表讨论并报国务院批准，"防治污染及其他公害的设施必须与主体工程同时设计、同时施工、同时投产"的"三同时"正式确立为我国环境保护工作的一项基本管理制度。

1979 年颁布的《中华人民共和国环境保护法(试行)》第六条中规定：其中防止污染和其他公害的设施，必须与主体工程同时设计、同时施工、同时投产；各项有害物质的排放必须遵守国家规定的标准。首次把"三同时"作为一项法律制度确定下来。1989 年颁布的《中华人民共和国环境保护法》第二十六条对"三同时"制度再次给予确认：建设项目中防治污染的设施，必须与主体工程同时设计、同时施工、同时投产使用。防治污染的设施必须经原审批环境影响报告书的环境保护行政主管部门验收合格后，该建设项目方可投入生产或者使用。

在其他相关的环境保护法律法规中都有相同的规定，如《中华人民共和国水污染防治法》(第十三条)、《中华人民共和国固体废物防治法》(第十三条)、《中华人民共和国海洋环境保护法》(第十三条)、《中华人民共和国放射性污染防治法》(第二十一条)、《中华人民共和国噪声污染防治法》(第二十一条)等。《建设项目环境保护管理条例》第十六条、第十八条和第二十三条也规定:建设项目需要配套建设的环境保护设施,必须与主体工程同时设计、同时施工、同时投产使用。建设项目的主体工程完工后,需要进行试生产的,其配套建设的环境保护设施必须与主体工程同时投入试运行。建设项目需要配套建设的环境保护设施经验收合格,该建设项目方可正式投入生产或者使用。

"三同时"的核心是"同时投产",只有环境保护设施与生产设施同时投入使用,才能避免或减轻对环境造成的损害。为此,原国家环境保护总局于 2001 年 12 月以 13 号令发布了《建设项目竣工环境保护验收管理办法》,对环境保护验收的范围、管理权限、申报程序、时限要求、分类管理、验收文件、验收条件、公告制度和处罚办法等作出具体规定,成为监督落实环境保护设施与建设项目主体工程同时投产或者使用的具体管理办法。

二、竣工环境保护验收要求

环境保护设施建设是防止产生新的污染,保护环境的重要环节,环境保护设施主要包括:

(1)污染控制设施,包括水污染物、空气污染物、固体废物、噪声污染、振动、电磁、放射性等污染的控制设施,如污水处理设施、除尘设施、隔声设施、固体废物卫生填埋或焚烧设施等。

(2)生态保护设施,包括保护和恢复动植物种群的设施、水土流失控制设施等,如为保护和恢复鱼类种群而建设的鱼类繁育场、为防治水土流失而修建的堤坝挡墙等。

(3)节约资源和资源回收利用设施,包括能源回收与节能设施、节水设施与污水回用设施、固体废物综合利用设施等,如为回收利用污水而修建的污水深度处理装置及其管道,为回收利用固体废物而修建的生产装置等。

(4)环境监测设施,包括水环境监测装置、大气监测装置等污染物监测设施。

除上述环境保护设施外,建设项目还可采取有关的环境保护措施用以减轻污染和对生态破坏的影响,如对某些环境敏感目标采取搬迁措施、补偿措施,对生态恢复采取绿化措施等,这些措施也应当与建设项目同时完成。

《中华人民共和国环境保护法》第四十一条规定,建设项目中防治污染的设施,应与主体工程同时设计、同时施工,同时投产使用。防治污染的设施应当符合经批准的环境影响评价文件的要求,不得擅自拆除或者闲置。

《建设项目环境保护管理条例》中第十九条和第二十条第一款也规定:"建设项目试生产期间,建设单位应当对环境保护设施运行情况和建设项目对环境的影响进行监测。""建设项目竣工后,建设单位应当向审批该建设项目环境影响报告书、环境影响报告表或者环境影响登记表的环境保护行政主管部门,申请该建设项目需要配套建设的环境保护设施竣工验收。"

建设项目竣工环境保护验收,是指建设项目竣工后,环境保护行政主管部门根据《建设项目竣工环境保护验收管理办法》规定,依据环境保护验收监测或调查结果,并通过现场检查等手段,考核该建设项目是否达到环境保护要求的活动。

第二节　建设项目竣工环境保护验收的范围和条件

在《建设项目竣工环境保护验收管理办法》中,对建设项目竣工环境保护验收的范围、条件以及分类管理均作出了规定。

一、环境保护验收的范围

环境保护验收的范围包括两个方面：

(1)与建设项目有关的各项环境保护设施，包括为防治污染和保护环境所建成或配备的工程、设备、装置和监测手段，各项生态保护设施；

(2)环境影响报告书(表)或者环境影响登记表和有关项目设计文件规定应采取的其他各项环境保护措施。

根据“三同时”制度的管理要求，同时设计、建设和投产的是建设项目需要配套建设的环境保护设施，因此在建设项目竣工环境保护验收中，应首先对环境保护设施进行验收，包括环境保护相关的工程、设备、装置、监测手段、生态保护设施等。但在实际的环境管理中，除了这些环境保护设施之外，更重要的是环境管理的软件，即保证环境保护设施正常运转、工作和运行的措施，也要同时进行验收和检查，如建设项目环境管理的各项制度、环境风险应急预案等。

建设单位向有审批权限的环境保护行政主管部门提出建设项目的验收申请后，环境保护行政主管部门根据有关法律、法规的要求，对建设项目是否符合竣工环境保护验收的有关条件进行检查，从而得出是否可进行环境保护验收的结论。环境保护验收检查的重点是：环境影响评价文件和环境影响评价批复文件中有关该建设项目环境保护设施建设的要求是否按要求建设并能够正常稳定运行；上述文件中有关环境保护的措施是否落实并发挥了效用；对周围环境的影响特别是对附近环境敏感目标的影响以及污染物的排放，是否在环境影响评价文件或环境影响评价审查、批复文件规定的范围内。

行业行政主管部门对该建设项目环境影响报告书(表)、环境影响登记表的预审查意见和环境保护行政主管部门对上述环境影响评价文件的批复意见，是建设项目竣工环境保护验收的重要依据，建设单位对预审查意见和批复意见的落实情况及其效果，是环境保护验收的重要内容；对环境影响评价阶段未能认识到而实际发生的环境污染或生态破坏问题，以及根据《中华人民共和国环境保护法》及其他法律法规规定，建设单位应当予以消除或减免环境影响的，其措施和效果亦属于环境保护验收内容。

二、环境保护验收的条件

建设项目竣工环境保护验收的条件如下：

(1)建设前期环境保护审查、审批手续完备，技术资料与环境保护档案资料齐全；

(2)环境保护设施及其他措施等已按批准的环境影响报告书(表)或者环境影响登记表和设计文件的要求建成或者落实，环境保护设施经负荷试车检测合格，其防治污染能力适应主体工程的需要；

(3)环境保护设施安装质量符合国家和有关部门颁发的专业工程验收规范、规程和检验评定标准；

(4)具备环境保护设施正常运转的条件，包括：经培训合格的操作人员、健全的岗位操作规程及相应的规章制度，原料、动力供应落实，符合交付使用的其他要求；

(5)污染物排放符合环境影响报告书(表)或者环境影响登记表和设计文件中提出的标准及核定的污染物排放总量控制指标的要求；

(6)各项生态保护措施按环境影响报告书(表)规定的要求落实，建设项目建设过程中受到破坏并可恢复的环境已按规定采取了恢复措施；

(7)环境监测项目、点位、机构设置及人员配备，符合环境影响报告书(表)和有关规定的要求；

(8)环境影响报告书(表)提出需对环境保护敏感点进行环境影响验证，对清洁生产进行指标考核，对施工期环境保护措施落实情况进行工程环境监理的，已按规定要求完成；

(9)环境影响报告书(表)要求建设单位采取措施削减其他设施污染物排放，或要求建设项目所在地地方政府或者有关部门采取“区域削减”措施满足污染物排放总量控制要求的，其相应措施得到落实。

三、环境保护验收的分类管理

建设项目竣工环境保护验收的管理权限原则与建设项目环境影响评价文件审批权限相同，经有审批权的环境保护行政主管部门授权，下一级环境保护行政主管部门可以代表其上级环境保护行政主管部门对建设项目进行环境保护验收。

根据国家建设项目环境保护分类管理的规定，对建设项目竣工环境保护验收实施分类管理。建设单位申请建设项目竣工环境保护验收，应当向有审批权的环境保护行政主管部门提交以下验收材料：

(1)对编制环境影响报告书的建设项目，应提交“建设项目竣工环境保护验收申请报告”，并附环境保护验收监测报告或调查报告；

(2)对编制环境影响报告表的建设项目，应提交“建设项目竣工环境保护验收申请表”，并附环境保护验收监测表或调查表；

(3)对填报环境影响登记表的建设项目，应提交“建设项目竣工环境保护验收登记卡”。

同时还需报送建设项目环境保护执行报告，这是建设单位对工程建设中环境保护工作情况的总结，由建设单位编写。在实际工作中，其中有一些建设项目按照环境影响报告书(表)的要求进行了施工期工程环境监理，或者建设单位为加强施工期环境管理委托监理机构进行了环境监理的，还应提交施工期工程环境监理总结报告。

第三节　建设项目竣工环境保护验收的时限和程序

在《建设项目环境保护管理条例》及《建设项目竣工环境保护验收管理办法》中，对环境保护验收的时限都有规定。在《建设项目竣工环境保护验收管理办法》中，还特别对环境保护验收的程序进行了细化规定。

一、环境保护验收的时限

建设项目竣工环境保护验收的时限要求，包括建设单位提出验收申请的时限要求和环境保护行政主管部门行政审批的时限要求两方面。《建设项目环境保护管理条例》第二十条第二款和第二十二条对此分别作出规定：“环境保护设施竣工验收，应当与主体工程竣工验收同时进行。需要进行试生产的建设项目，建设单位应当自建设项目投入试生产之日起3个月内，向审批该建设项目环境影响报告书、环境影响报告表或者环境影响登记表的环境保护行政主管部门，申请该建设项目需要配套建设的环境保护设施竣工验收。”“环境保护行政主管部门应当自收到环境保护设施竣工验收申请之日起30日内,完成验收。”

对建设单位提出验收申请的时限要求有三层含义:首先是建设项目必须进行竣工环境保护验收;其次,建设项目的竣工环境保护验收,应当与主体工程竣工验收同时进行,可以在主体工程竣工验收前进行,但不可滞后于主体工程竣工验收;第三,对需要进行试生产的建设项目,建设单位申请竣工环境保护验收的时限必须是自建设项目投入试生产之日起3个月内,在此期限内不进行竣工环境保护验收申请,即为不符合竣工环境保护验收管理要求。这样要求,保证了竣工环境保护验收与工程总体验收时限要求的一致,便于各部门之间协调、统一管理。

对环境保护行政主管部门要求是30内日完成验收,是指从建设单位提交齐备的验收申请材料之日算起。

《建设项目竣工环境保护验收管理办法》明确要求:环境保护行政主管部门应自接到试生产申请之日起30日内,组织或委托下一级环境保护行政主管部门对申请试生产的建设项目环境保护设施及其他环境保护措施的落实情况进行现场检查,并作出审查决定。

明确提出环境保护行政主管部门批复验收申请的时限要求,便于建设单位对环境保护行政主管部门的监督,对于提高环保部门办事效率,都是非常必要的。

➢二、环境保护验收的分期和延期

有些项目是分阶段建成或分期投入使用的,对于此类建设项目,如果只通过一次验收,那么无论是在第一期建设完成后验收,还是等所有工程全部建设完成后再最终进行环境保护验收,都有可能导致前期项目或后期项目投入运行后,环境污染得不到有效的监督管理,为此,《建设项目环境保护管理条例》第二十一条规定:“分期建设、分期投入生产或者使用的建设项目,其相应的环境保护设施应当分期验收。”

环境保护设施分期验收的必要条件也是充分条件,就是建设项目分期建设、分期投入生产或者使用,如果不是分期建设、分期投入生产或者使用的建设项目,不存在分期验收问题。分期进行环境保护验收即建成、投产一期,便验收一期,切实保证环境保护设施与相应的生产设施同时投入使用。分期进行环境保护验收的工作程序及要求,与一般建设项目的环境保护验收程序和要求相同。

在实际工作中,有些建设项目确实需要更长的试生产或试运行时间,或在试生产3个月期限内仍不具备环境保护验收条件,对于此类建设项目竣工的环境保护验收时限,《建设项目竣工环境保护验收管理办法》作出如下规定:

对试生产3个月却不具备环境保护验收条件的建设项目,建设单位应当在试生产的3个月内,向有审批权的环境保护行政主管部门提出该建设项目环境保护延期验收申请,说明延期验收的理由及拟进行验收的时间。经批准后建设单位方可继续进行试生产。试生产的期限最长不超过1年。核设施建设项目试生产的期限最长不超过2年。

以下几种情况可申请延期验收:

(1)一些建设项目由于种种原因,生产工况短期内难以稳定达到正常水平,导致配套的污染治理设施不能正常、有效地运行;

(2)一些生态影响类建设项目,其对生态的破坏较严重且在短期内难以恢复,无法达到验收合格要求;

(3)生产负荷与设计值相比相差较大,无法满足验收监测时工况的要求;

(4)试生产过程中出现事故或其他一些特殊原因,需要延长试生产时间并经有审批权的环境保护行政主管部门认可的。

对于存在上述情况,无法在投入试生产或试运行3个月内申请环境保护验收的项目,建设单位须以正式文件的形式向负责组织验收的环境保护行政主管部门提出延期验收的申请,说明具体原因以及拟进行验收的时间。负责组织验收的环境保护行政主管部门接到延期验收的申请后,通过组织或委托进行检查核实后,对于符合条件的即可同意延期。非核设施建设项目延期不能超过一年,对于核设施建设项目,试生产的期限最长不超过二年。

三、环境保护验收的程序

建设项目竣工环境保护验收的基本程序是:建设项目竣工后需要进行试生产或试运行的建设项目,首先向环境保护行政主管部门申请试生产、试运行;在试生产、试运行期间,建设单位应当对环境保护设施运行情况和建设项目对环境的影响进行监测,并向环境保护行政主管部门提出竣工环境保护验收申请,委托有资质的服务机构进行环境保护验收监测或验收调查;申请材料齐备、环境保护行政主管部门受理后,将在规定的期限内组成验收组或验收委员会进行现场检查和审议,提出验收意见并完成审批。

1.试生产的申请和审查

《建设项目竣工环境保护验收管理办法》规定:建设项目试生产前,建设单位应向有审批权的环境保护行政主管部门提出试生产申请。对国务院环境保护行政主管部门审批环境影响报告书(表)或环境影响登记表的非核设施建设项目,由建设项目所在地省、自治区、直辖市人民政府环境保护行政主管部门负责受理其试生产申请,并将其审查决定报送国务院环境保护行政主管部门备案。核设施建设项目试运行前,建设单位应向国务院环境保护行政主管部门报批首次装料阶段的环境影响报告书,经批准后,方可进行试运行。

同时还规定:环境保护行政主管部门应自接到试生产申请之日起30日内,组织或委托下一级环境保护行政主管部门对申请试生产的建设项目环境保护设施及其他环境保护措施的落实情况进行现场检查,并作出审查决定。对环境保护设施已建成及其他环境保护措施已按规定要求落实的,同意试生产申请;对环境保护设施或其他环境保护措施未按规定建成或落实的,不予同意,并说明理由。逾期未做出决定的,视为同意。试生产申请经环境保护行政主管部门同意后,建设单位方可进行试生产。

试生产期间,建设单位应尽环境监测的义务。《建设项目环境保护管理条例》第十九条规定:建设项目试生产期间,建设单位应当对环境保护设施运行情况和建设项目对环境的影响进行监测。

2.环境保护验收申请

建设项目竣工后,建设单位应当向有审批权的环境保护行政主管部门,申请该建设项目竣工环境保护验收。进行试生产的建设项目,建设单位应当自试生产之日起3个月内,向有审批权的环境保护行政主管部门申请该建设项目竣工环境保护验收。

根据《建设项目"三同时"监督检查和竣工环保验收管理规程(试行)》,建设项目依法进入试生产后,建设单位应及时委托有相应资质的验收监测或调查单位开展验收监测或调查工作。验收监测或调查单位应在国家规定期限内完成验收监测或调查工作,及时了解验收监测或调查期间发现的重大环境问题和环境违法行为,并书面报告环境保护部。

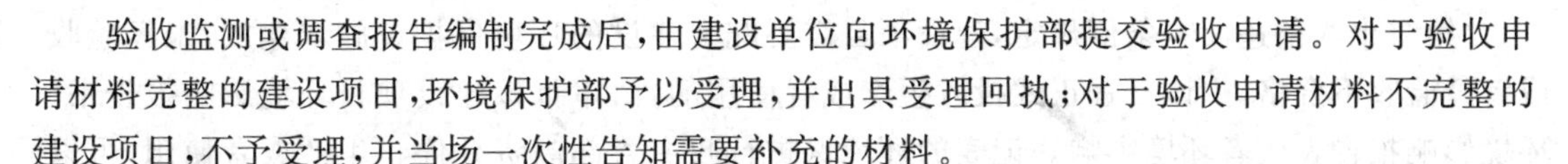

验收监测或调查报告编制完成后，由建设单位向环境保护部提交验收申请。对于验收申请材料完整的建设项目，环境保护部予以受理，并出具受理回执；对于验收申请材料不完整的建设项目，不予受理，并当场一次性告知需要补充的材料。

验收申请材料包括：建设项目竣工环保验收申请报告；验收监测或调查报告；由验收监测或调查单位编制的建设项目竣工环保验收公示材料；环境影响评价审批文件要求开展环境监理的建设项目，提交施工期环境监理报告。

对主要因排放污染物对环境产生污染和危害的建设项目，建设单位应提交环境保护验收监测报告(表)。对主要对生态环境产生影响的建设项目，建设单位应提交环境保护验收调查报告(表)。

3. 环境保护验收及批准

环境保护行政主管部门应当自收到建设项目竣工环境保护验收申请之日起30日内，完成验收。

环境保护行政主管部门在进行建设项目竣工环境保护验收时，应组织建设项目所在地的环境保护行政主管部门和行业主管部门等成立验收组(或验收委员会)。验收组(或验收委员会)应对建设项目的环境保护设施及其他环境保护措施进行现场检查和审议，提出验收意见。建设项目的建设单位、设计单位、施工单位、环境影响报告书(表)编制单位、环境保护验收监测(调查)报告(表)的编制单位应当参与验收。

对符合规定验收条件的建设项目，环境保护行政主管部门批准"建设项目竣工环境保护验收申请报告""建设项目竣工环境保护验收申请表"或"建设项目竣工环境保护验收登记卡"。对填报"建设项目竣工环境保护验收登记卡"的建设项目，环境保护行政主管部门经过核查后，可直接在"建设项目竣工环境保护验收登记卡"上签署验收意见，作出批准决定。

"建设项目竣工环境保护验收申请报告""建设项目竣工环境保护验收申请表"或者"建设项目竣工环境保护验收登记卡"未经批准的建设项目，不得正式投入生产或者使用。

第四节　建设项目竣工环境保护验收中的法律责任

《建设项目环境保护管理条例》分别对建设项目竣工环境保护验收工作中，建设单位和环境保护行政主管部门工作人员应承担的法律责任作出了规定。

一、建设单位的法律责任

《建设项目环境保护管理条例》对建设单位的法律责任进行了以下规定：

"第二十六条违反本条例规定，试生产建设项目配套建设的环境保护设施未与主体工程同时投入试运行的，由审批该建设项目环境影响报告书、环境影响报告表或者环境影响登记表的环境保护行政主管部门责令限期改正；逾期不改正的，责令停止试生产，可以处5万元以下的罚款。"

"第二十七条违反本条例规定，建设项目投入试生产超过3个月，建设单位未申请环境保护设施竣工验收的，由审批该建设项目环境影响报告书、环境影响报告表或者环境影响登记表的环境保护行政主管部门责令限期办理环境保护设施政工验收手续；逾期未办理的，责令停止试生产，可以处5万元以下的罚款。"

"第二十八条违反本条例规定,建设项目需要配套建设的环境保护设施未建成、未经验收或者经验收不合格,主体工程正式投入生产或者使用的,由审批该建设项目环境影响报告书、环境影响报告表或者环境影响登记表的环境保护行政主管部门责令停止生产或者使用,可以处10万元以下的罚款。"

以上条款分别对配套建设的环境保护设施未与主体工程同时投入试运行;建设项目投入试生产超过3个月,建设单位未申请建设项目竣工环境保护验收或者延期验收;建设项目需要配套建设的环境保护设施未建成,未经建设项目竣工环境保护验收或者验收不合格,主体工程正式投入生产或者使用等三种情况作出了处罚规定。

建设项目投入试生产或试运行后,项目对环境的影响或污染物排放对环境的影响将同时产生,如果环境保护设施不能同时运行,在试运行期间必然对环境造成严重损害甚至可能发生污染事故。

二、环境保护行政主管部门工作人员的法律责任

《建设项目环境保护管理条例》第三十条规定:环境保护行政主管部门的工作人员徇私舞弊、滥用职权、玩忽职守,构成犯罪的,依法追究刑事责任;尚不构成犯罪的,依法给予行政处分。

上述行为的主要违法事实是:

(1)对不符合验收条件的建设项目,通过环境保护验收;

(2)利用职权,不按有关规定,对不符合验收条件的建设项目,通过环境保护验收;

(3)对符合验收条件的建设项目,拒绝通过环境保护验收;

(4)工作不认真,在验收工作中造成重大失误,引起不良后果。

对有上述行为的环境保护行政主管部门的工作人员,不构成犯罪的,按照《国家公务员条例》的规定,根据违法行为情节轻重,分别给予警告、记过、记大过、降级、撤职、开除等不同的行政处分。

对构成犯罪的,依法追究刑事责任。

第五节　建设项目竣工环境保护验收单位及其人员行为准则

《建设项目环境影响评价行为准则与廉政规定》(原国家环境保护总局令第30号)中规定,承担建设项目竣工环境保护验收监测或调查工作的单位及其验收监测或调查人员,应当遵守以下行为准则:

(1)验收监测或调查单位及其主要负责人应当对建设项目竣工环境保护验收监测报告或验收调查报告结论负责;

(2)建立严格的质量审核制度和质量保证体系,严格按照国家有关法律法规规章、技术规范和技术要求,开展验收监测或调查工作和编制验收监测或验收调查报告,并接受环境保护行政主管部门的日常监督检查;

(3)验收监测报告或验收调查报告应当如实反映建设项目环境影响评价文件的落实情况及其效果;

(4)禁止泄露建设项目技术秘密和业务秘密;

(5)在验收监测或调查过程中不得隐瞒真实情况、提供虚假材料、编造数据或者实施其他弄虚作假行为；

(6)验收监测或调查收费应当严格执行国家和地方有关规定；

(7)不得在验收监测或调查工作中为个人谋取私利；

(8)不得进行其他妨碍验收监测或调查工作廉洁、独立、客观、公正的行为。

第十一章 环境政策与产业政策

第一节 环境政策

国务院制定并公布或由国务院有关主管部门，省、自治区、直辖市负责制定，经国务院批准发布的环境保护规范性文件（包括决定、办法、批复等）均归属于环境政策类。环境政策是推动和指导经济与环境可持续协调发展的重要依据和措施，在环境影响评价工作中必须认真贯彻执行。现仅就几个主要环境政策作简要介绍。

一、国务院关于落实科学发展观加强环境保护的决定

为全面落实科学发展观，加快构建社会主义和谐社会，实现全面建设小康社会的奋斗目标，国务院于 2005 年 12 月 3 日颁发了《国务院关于落实科学发展观加强环境保护的决定》（国发[2005]39 号）。该决定包括充分认识做好环境保护工作的意义，用科学发展观统领环境保护工作、经济社会发展必须与环境保护相协调、切实解决突出的环境问题、建立和完善环境保护的长效机制、加强对环境保护工作的领导等六部分。其相关内容如下：

1. 用科学发展观统领环境保护工作的基本原则

以邓小平理论和“三个代表”重要思想为指导，按照全面落实科学发展观、构建社会主义和谐社会的要求，坚持环境保护基本国策，在发展中解决环境问题。积极推进经济结构调整和经济增长方式的根本性转变，切实改变“先污染后治理、边治理边破坏”的状况，依靠科技进步，发展循环经济，倡导生态文明，强化环境法治，完善监管体制，建立长效机制，建设资源节约型和环境友好型社会，努力让人民群众在良好的环境中生产生活。以此为指导，用科学发展观统领环境保护工作的基本原则是：

（1）协调发展，互惠共赢。正确处理环境保护与经济发展和社会进步的关系，在发展中落实保护，在保护中促进发展，坚持节约发展、安全发展、清洁发展，实现可持续的科学发展。

（2）强化法治，综合治理。坚持依法行政，不断完善环境法律法规，严格环境执法；坚持环境保护与发展综合决策，科学规划，突出预防为主的方针，从源头防治污染和生态破坏，综合运用法律、经济、技术和必要的行政手段解决环境问题。

（3）不欠新账，多还旧账。严格控制污染物排放总量；所有新建、扩建和改建项目必须符合环保要求，做到增产不增污，努力实现增产减污；积极解决历史遗留的环境问题。

（4）依靠科技，创新机制。大力发展环境科学技术，以技术创新促进环境问题的解决；建立政府、企业、社会多元化投入机制和部分污染治理设施市场化运营机制，完善环保制度，健全统一、协调、高效的环境监管体制。

(5)分类指导,突出重点。因地制宜,分区规划,统筹城乡发展,分阶段解决制约经济发展和群众反映强烈的环境问题,改善重点流域、区域、海域、城市的环境质量。

2.经济社会发展必须与环境保护相协调的有关要求

(1)促进地区经济与环境协调发展。各地区要根据资源禀赋、环境容量、生态状况、人口数量以及国家发展规划和产业政策,明确不同区域的功能定位和发展方向,将区域经济规划和环境保护目标有机结合起来。在环境容量有限、自然资源供给不足而经济相对发达的地区实行优化开发,坚持环境优先,大力发展高新技术,优化产业结构,加快产业和产品的升级换代,同时率先完成排污总量削减任务,做到增产减污。在环境仍有一定容量、资源较为丰富、发展潜力较大的地区实行重点开发,加快基础设施建设,科学合理利用环境承载能力,推进工业化和城镇化,同时严格控制污染物排放总量,做到增产不增污。在生态环境脆弱的地区和重要生态功能保护区实行限制开发,在坚持保护优先的前提下,合理选择发展方向,发展特色优势产业,确保生态功能的恢复与保育,逐步恢复生态平衡。在自然保护区和具有特殊保护价值的地区实行禁止开发,依法实施保护,严禁不符合规定的任何开发活动。要认真做好生态功能区划工作,确定不同地区的主导功能,形成各具特色的发展格局。必须依照国家规定对各类开发建设规划进行环境影响评价。对环境有重大影响的决策,应当进行环境影响论证。

(2)大力发展循环经济。各地区、各部门要把发展循环经作为编制各项发展规划的重要指导原则,制订和实施循环经济推进计划,加快制定促进发展循环经济的政策、相关标准和评价体系,加强技术开发和创新体系建设。要按照“减量化、再利用、资源化”的原则,根据生态环境的要求,进行产品和工业区的设计与改造,促进循环经济的发展。在生产环节,要严格排放强度准入,鼓励节能降耗,实行清洁生产并依法强制审核;在废物产生环节,要强化污染预防和全过程控制,实行生产者责任延伸,合理延长产业链,强化对各类废物的循环利用;在消费环节,要大力倡导环境友好的消费方式,实行环境标识、环境认证和政府绿色采购制度,完善再生资源回收利用体系。大力推行建筑节能,发展绿色建筑。推进污水再生利用和垃圾处理与资源化回收,建设节水型城市。推动生态省(市、县)、环境保护模范城市、环境友好企业和绿色社区、绿色学校等创建活动。

(3)积极发展环保产业。要加快环保产业的国产化、标准化、现代化产业体系建设。加强政策扶持和市场监管,按照市场经济规律,打破地方和行业保护,促进公平竞争,鼓励社会资本参与环保产业的发展。重点发展具有自主知识产权的重要环保技术装备和基础装备,在立足自主研发的基础上,通过引进消化吸收,努力掌握环保核心技术和关键技术。大力提高环保装备制造企业的自主创新能力,推进重大环保技术装备的自主制造。培育一批拥有著名品牌、核心技术能力强、市场占有率高、能够提供较多就业机会的优势环保企业。加快发展环保服务业,推进环境咨询市场化,充分发挥行业协会等中介组织的作用。

3.切实解决的突出环境问题

(1)以饮水安全和重点流域治理为重点,加强水污染防治。要科学划定和调整饮用水水源保护区,切实加强饮用水水源保护,建设好城市备用水源,解决好农村饮水安全问题。坚决取缔水源保护区内的直接排污口,严防养殖业污染水源,禁止有毒有害物质进入饮用水水源保护区,强化水污染事故的预防和应急处理,确保群众饮水安全。把淮河、海河、辽河、松花江、三峡水库库区及上游、黄河小浪底水库库区及上游、南水北调水源地及沿线、太湖、滇池、巢湖作为流域水污染治理的重点。把渤海等重点海域和河口地区作为海洋环保工作重点。严禁直接向江河湖海排放超标的工业污水。

(2)以强化污染防治为重点,加强城市环境保护。要加强城市基础设施建设,着力解决颗粒物、噪声和餐饮业污染,鼓励发展节能环保型汽车。对污染企业搬迁后的原址进行土壤风险评估和修复。城市建设应注重自然和生态条件,尽可能保留天然林草、河湖水系、滩涂湿地、自然地貌及野生动物等自然遗产,努力维护城市生态平衡。

(3)以降低二氧化硫排放总量为重点,推进大气污染防治。加快原煤洗选步伐,降低商品煤含硫量。加强燃煤电厂二氧化硫治理,新(扩)建燃煤电厂除燃用特低硫煤的坑口电厂外,必须同步建设脱硫设施或者采取其他降低二氧化硫排放量的措施。在大中城市及其近郊,严格控制新(扩)建除热电联产外的燃煤电厂,禁止新(扩)建钢铁、冶炼等高耗能企业。要根据环境状况,确定不同区域的脱硫目标,制订并实施酸雨和二氧化硫污染防治规划。对投产 20 年以上或装机容量 10 万 kW 以下的电厂,限期改造或者关停。制订燃煤电厂氮氧化物治理规划,开展试点示范。加大烟尘、粉尘治理力度。采取节能措施,提高能源利用效率;大力发展风能、太阳能、地热、生物质能等新能源,积极发展核电,有序开发水能,提高清洁能源比重,减少大气污染物排放。

(4)以防治土壤污染为重点,加强农村环境保护。结合社会主义新农村建设,实施农村小康环保行动计划。开展全国土壤污染状况调查和超标耕地综合治理,污染严重且难以修复的耕地应依法调整;合理使用农药、化肥,防治农用薄膜对耕地的污染;积极发展节水农业与生态农业,加大规模化养殖业污染治理力度。推进农村改水、改厕工作,搞好作物秸秆等资源化利用,积极发展农村沼气,妥善处理生活垃圾和污水,解决农村环境“脏、乱、差”问题,创建环境优美乡镇、文明生态村。发展县域经济要选择适合本地区资源优势和环境容量的特色产业,防止污染向农村转移。

(5)以促进人与自然和谐为重点,强化生态保护。坚持生态保护与治理并重,重点控制不合理的资源开发活动。优先保护天然植被,坚持因地制宜,重视自然恢复;继续实施天然林保护、天然草原植被恢复、退耕还林、退牧还草、退田还湖、防沙治沙、水土保持和防治沙漠化等生态治理工程;严格控制土地退化和草原沙化。经济社会发展要与水资源条件相适应,统筹生活、生产和生态用水,建设节水型社会;发展适应抗灾要求的避灾经济;水资源开发利用活动,要充分考虑生态用水。加强生态功能保护区和自然保护区的建设与管理。加强矿产资源和旅游开发的环境监管。做好红树林、滨海湿地、珊瑚礁、海岛等海洋、海岸带典型生态系统的保护工作。

(6)以核设施和放射源监管为重点,确保核与辐射环境安全。全面加强核安全与辐射环境管理,国家对核设施的环境保护实行统一监管。核电发展的规划和建设要充分考虑核安全、环境安全和废物处理处置等问题;加强在建和在役核设施的安全监管,加快核设施退役和放射性废物处理处置步伐;加强电磁辐射和伴生放射性矿产资源开发的环境监督管理;健全放射源安全监管体系。

(7)以实施国家环保工程为重点,推动解决当前突出的环境问题。国家环保重点工程是解决环境问题的重要举措,从“十一五”开始,要将国家重点环保工程纳入国民经济和社会发展规划及有关专项规划,认真组织落实。国家重点环保工程包括:危险废物处置工程、城市污水处理工程、垃圾无害化处理工程、燃煤电厂脱硫工程、重要生态功能保护区和自然保护区建设工程、农村小康环保行动工程、核与辐射环境安全工程、环境管理能力建设工程。

4.加强环境监管制度的有关要求

(1)要实施污染物总量控制制度,将总量控制指标逐级分解到地方各级人民政府并落实到排污单位。

(2)推行排污许可制度,禁止无证或超总量排污。

(3)严格执行环境影响评价和“三同时”制度,对超过污染物总量控制指标、生态破坏严重或者尚未完成生态恢复任务的地区,暂停审批新增污染物排放总量和对生态有较大影响的建设项目;建设项目未履行环评审批程序即擅自开工建设或者擅自投产的,责令其停建或者停产,补办环评手续,并追究有关人员的责任。对生态治理工程实行充分论证和后评估。

(4)要结合经济结构调整,完善强制淘汰制度。根据国家产业政策,及时制定和调整,强制淘汰污染严重的企业和落后的生产能力、工艺、设备与产品目录。

(5)强化限期治理制度,对不能稳定达标或超总量的排污单位实行限期治理,治理期间应予限产、限排,并不得建设增加污染物排放总量的项目;逾期未完成治理任务的,责令其停产整治。

(6)完善环境监察制度,强化现场执法检查。

(7)严格执行突发环境事件应急预案,地方各级人民政府要按照有关规定全面负责突发环境事件应急处置工作,环保总局及国务院相关部门根据情况给予协调支援。

(8)建立跨省界河流断面水质考核制度,省级人民政府应当确保出境水质达到考核目标。

(9)国家加强跨省界环境执法及污染纠纷的协调,上游省份排污对下游省份造成污染事故的,上游省级人民政府应当承担赔付补偿责任,并依法追究相关单位和人员的责任。赔付补偿的具体办法由环保总局会同有关部门拟定。

二、国务院关于加强环境保护重点工作的意见

多年来,我国积极实施可持续发展战略,将环境保护放在重要的战略位置,不断加大解决环境问题的力度,取得了明显成效。但由于产业结构和布局仍不尽合理,污染防治水平仍然较低,环境监管制度尚不完善等原因,环境保护形势依然十分严峻。为深入贯彻落实科学发展观,加快推动经济发展方式转变,提高生态文明建设水平,国务院于 2011 年 10 月 17 日印发了《国务院关于加强环境保护重点工作的意见》(国发[2011]35 号)。该意见包括全面提高环境保护监督管理水平、着力解决影响科学发展和损害群众健康的突出环境问题、改革创新环境保护体制机制三部分。其主要内容如下:

1.全面提高环境保护监督管理水平

(1)严格执行环境影响评价制度。凡依法应当进行环境影响评价的重点流域、区域开发和行业发展规划以及建设项目,必须严格履行环境影响评价程序,并把主要污染物排放总量控制指标作为新改扩建项目环境影响评价审批的前置条件。环境影响评价过程要公开透明,充分征求社会公众意见。建立健全规划环境影响评价和建设项目环境影响评价的联动机制。对环境影响评价文件未经批准即擅自开工建设、建设过程中擅自作出重大变更、未经环境保护验收即擅自投产等违法行为,要依法追究管理部门、相关企业和人员的责任。

(2)继续加强主要污染物总量减排。完善减排统计、监测和考核体系,鼓励各地区实施特征污染物排放总量控制。对造纸、印染和化工行业实行化学需氧量和氨氮排放总量控制。加强污水处理设施、污泥处理处置设施、污水再生利用设施和垃圾渗滤液处理设施建设。对现有

污水处理厂进行升级改造。完善城镇污水收集管网，推进雨、污分流改造。强化城镇污水、垃圾处理设施运行监管。对电力行业实行二氧化硫和氮氧化物排放总量控制，继续加强燃煤电厂脱硫，全面推行燃煤电厂脱硝，新建燃煤机组应同步建设脱硫脱硝设施。对钢铁行业实行二氧化硫排放总量控制，强化水泥、石化、煤化工等行业二氧化硫和氮氧化物治理。在大气污染联防联控重点区域开展煤炭消费总量控制试点。开展机动车船尾气氮氧化物治理。提高重点行业环境准入和排放标准。促进农业和农村污染减排，着力抓好规模化畜禽养殖污染防治。

(3)强化环境执法监管。抓紧推动制定和修订相关法律法规，为环境保护提供更加完备、有效的法制保障。健全执法程序，规范执法行为，建立执法责任制。加强环境保护日常监管和执法检查。继续开展整治违法排污企业保障群众健康环保专项行动，对环境法律法规执行和环境问题整改情况进行后督察。建立建设项目全过程环境监管制度以及农村和生态环境监察制度。完善跨行政区域环境执法合作机制和部门联动执法机制。依法处置环境污染和生态破坏事件。执行流域、区域、行业限批和挂牌督办等督查制度。对未完成环保目标任务或发生重特大突发环境事件负有责任的地方政府领导进行约谈，落实整改措施。推行生产者责任延伸制度。深化企业环境监督员制度，实行资格化管理。建立健全环境保护举报制度，广泛实行信息公开，加强环境保护的社会监督。

(4)有效防范环境风险和妥善处置突发环境事件。完善以预防为主的环境风险管理制度，实行环境应急分级、动态和全过程管理，依法科学妥善处置突发环境事件。建设更加高效的环境风险管理和应急救援体系，提高环境应急监测处置能力。制定切实可行的环境应急预案，配备必要的应急救援物资和装备，加强环境应急管理、技术支撑和处置救援队伍建设，定期组织培训和演练。开展重点流域、区域环境与健康调查研究。全力做好污染事件应急处置工作，及时准确发布信息，减少人民群众生命财产损失和生态环境损害。健全责任追究制度，严格落实企业环境安全主体责任，强化地方政府环境安全监管责任。

2.着力解决影响科学发展和损害群众健康的突出环境问题

(1)切实加强重金属污染防治。对重点防控的重金属污染地区、行业和企业进行集中治理。合理调整重金属企业布局，严格落实卫生防护距离，坚决禁止在重点防控区域新改扩建增加重金属污染物排放总量的项目。加强重金属相关企业的环境监管，确保达标排放。对造成污染的重金属污染企业，加大处罚力度，采取限期整治措施，仍然达不到要求的，依法关停取缔。规范废弃电器电子产品的回收处理活动，建设废旧物品回收体系和集中加工处理园区。积极妥善处理重金属污染历史遗留问题。

(2)严格化学品环境管理。对化学品项目布局进行梳理评估，推动石油、化工等项目科学规划和合理布局。对化学品生产经营企业进行环境隐患排查，对海洋、江河湖泊沿岸化工企业进行综合整治，强化安全保障措施。把环境风险评估作为危险化学品项目评估的重要内容，提高化学品生产的环境准入条件和建设标准，科学确定并落实化学品建设项目环境安全防护距离。依法淘汰高毒、难降解、高环境危害的化学品，限制生产和使用高环境风险化学品。推行工业产品生态设计。健全化学品全过程环境管理制度。加强持久性有机污染物排放重点行业监督管理。建立化学品环境污染责任终身追究制和全过程行政问责制。

(3)确保核与辐射安全。以运行核设施为监管重点，强化对新建、扩建核设施的安全审查和评估，推进老旧核设施退役和放射性废物治理。加强对核材料、放射性物品生产、运输、贮存等环节的安全管理和辐射防护，促进铀矿和伴生放射性矿环境保护。强化放射源、射线装置、高压输变电及移动通信工程等辐射环境管理。完善核与辐射安全审评方法,健全辐射环境监测监督体系,推动国家核与辐射安全监管技术研发基地建设,构建监管技术支撑平台。

(4)深化重点领域污染综合防治。严格饮用水水源保护区划分与管理,定期开展水质全分析,实施水源地环境整治、恢复和建设工程,提高水质达标率。开展地下水污染状况调查、风险评估、修复示范。继续推进重点流域水污染防治,完善考核机制。加强鄱阳湖、洞庭湖、洪泽湖等湖泊污染治理。加大对水质良好或生态脆弱湖泊的保护力度。禁止在可能造成生态严重失衡的地方进行围填海活动,加强入海河流污染治理与入海排污口监督管理,重点改善渤海和长江、黄河、珠江等河口海域环境质量。修订环境空气质量标准,增加大气污染物监测指标,改进环境质量评价方法。健全重点区域大气污染联防联控机制,实施多种污染物协同控制,严格控制挥发性有机污染物排放。加强恶臭、噪声和餐饮油烟污染控制。加大城市生活垃圾无害化处理力度。加强工业固体废物污染防治,强化危险废物和医疗废物管理。被污染场地再次进行开发利用的,应进行环境评估和无害化治理。推行重点企业强制性清洁生产审核。推进污染企业环境绩效评估,严格上市企业环保核查。深入开展城市环境综合整治和环境保护模范城市创建活动。

(5)大力发展环保产业。加大政策扶持力度,扩大环保产业市场需求。鼓励多渠道建立环保产业发展基金,拓宽环保产业发展融资渠道。实施环保先进适用技术研发应用、重大环保技术装备及产品产业化示范工程。着重发展环保设施社会化运营、环境咨询、环境监理、工程技术设计、认证评估等环境服务业。鼓励使用环境标志、环保认证和绿色印刷产品。开展污染减排技术攻关,实施水体污染控制与治理等科技重大专项。制定环保产业统计标准。加强环境基准研究,推进国家环境保护重点实验室、工程技术中心建设。加强高等院校环境学科和专业建设。

(6)加快推进农村环境保护。实行农村环境综合整治目标责任制。深化“以奖促治”和“以奖代补”政策,扩大连片整治范围,集中整治存在突出环境问题的村庄和集镇,重点治理农村土壤和饮用水水源地污染。继续开展土壤环境调查,进行土壤污染治理与修复试点示范。推动环境保护基础设施和服务向农村延伸,加强农村生活垃圾和污水处理设施建设。发展生态农业和有机农业,科学使用化肥、农药和农膜,切实减少面源污染。严格农作物秸秆禁烧管理,推进农业生产废弃物资源化利用。加强农村人畜粪便和农药包装无害化处理。加大农村地区工矿企业污染防治力度,防止污染向农村转移。开展农业和农村环境统计。

(7)加大生态保护力度。国家编制环境功能区划,在重要生态功能区、陆地和海洋生态环境敏感区、脆弱区等区域划定生态红线,对各类主体功能区分别制定相应的环境标准和环境政策。加强青藏高原生态屏障、黄土高原—川滇生态屏障、东北森林带、北方防沙带和南方丘陵山地带以及大江大河重要水系的生态环境保护。推进生态修复,让江河湖泊等重要生态系统休养生息。强化生物多样性保护,建立生物多样性监测、评估与预警体系以及生物遗传资源获取与惠益共享制度,有效防范物种资源丧失和流失。加强自然保护区综合管理。开展生态系统状况评估。加强矿产、水电、旅游资源开发和交通基础设施建设中的生态保护。推进生态文明建设试点,进一步开展生态示范创建活动。

3.改革创新环境保护体制机制

(1)继续推进环境保护历史性转变。坚持在发展中保护,在保护中发展,不断强化并综合运用法律、经济、技术和必要的行政手段,以改革创新为动力,积极探索代价小、效益好、排放低、可持续的环境保护新道路，建立与我国国情相适应的环境保护宏观战略体系、全面高效的污染防治体系、健全的环境质量评价体系、完善的环境保护法规政策和科技标准体系、完备的环境管理和执法监督体系、全民参与的社会行动体系。

(2)实施有利于环境保护的经济政策。把环境保护列入各级财政年度预算并逐步增加投入。适时增加同级环保能力建设经费安排。加大对重点流域水污染防治的投入力度，完善重点流域水污染防治专项资金管理办法。完善中央财政转移支付制度，加大对中西部地区、民族自治地方和重点生态功能区环境保护的转移支付力度。加快建立生态补偿机制和国家生态补偿专项资金，扩大生态补偿范围。积极推进环境税费改革，研究开征环境保护税。对生产符合下一阶段标准车用燃油的企业，在消费税政策上予以优惠。制定和完善环境保护综合名录。对“高污染、高环境风险”产品，研究调整进出口关税政策。支持符合条件的企业发行债券用于环境保护项目。加大对符合环保要求和信贷原则的企业和项目的信贷支持。建立企业环境行为信用评价制度。健全环境污染责任保险制度，开展环境污染强制责任保险试点。严格落实燃煤电厂烟气脱硫电价政策，制定脱硝电价政策。对可再生能源发电、余热发电和垃圾焚烧发电实行优先上网等政策支持。对高耗能、高污染行业实行差别电价。

(3)对污水处理、污泥无害化处理设施、非电力行业脱硫脱硝和垃圾处理设施等鼓励类企业实行政策优惠。按照污泥、垃圾和医疗废物无害化处置的要求，完善收费标准，推进征收方式改革。推行排污许可制度，开展排污权有偿使用和交易试点，建立国家排污权交易中心，发展排污权交易市场。

(4)不断增强环境保护能力。全面推进监测、监察、宣教、信息等环境保护能力标准化建设。完善地级以上城市空气质量、重点流域、地下水、农产品产地国家重点监控点位和自动监测网络，扩大监测范围，建设国家环境监测网。推进环境专用卫星建设及其应用，提高遥感监测能力。加强污染源自动监控系统建设、监督管理和运行维护。开展全民环境宣传教育行动计划，培育壮大环保志愿者队伍，引导和支持公众及社会组织开展环保活动。增强环境信息基础能力、统计能力和业务应用能力。建设环境信息资源中心，加强物联网在污染源自动监控、环境质量实时监测、危险化学品运输等领域的研发应用，推动信息资源共享。

(5)健全环境管理体制和工作机制。构建环境保护工作综合决策机制。完善环境监测和督查体制机制，加强国家环境监察职能。继续实行环境保护部门领导干部双重管理体制。鼓励有条件的地区开展环境保护体制综合改革试点。结合地方人民政府机构改革和乡镇机构改革，探索实行设区城市环境保护派出机构监管模式，完善基层环境管理体制。加强核与辐射安全监管职能和队伍建设。实施生态环境保护人才发展中长期规划。

(6)强化对环境保护工作的领导和考核。地方各级人民政府要切实把环境保护放在全局工作的突出位置，列入重要议事日程，明确目标任务，完善政策措施，组织实施国家重点环保工程。制定生态文明建设的目标指标体系，纳入地方各级人民政府绩效考核，考核结果作为领导班子和领导干部综合考核评价的重要内容，作为干部选拔任用、管理监督的重要依据，实行环境保护一票否决制。对未完成目标任务考核的地方实施区域限批，暂停审批该地区除民生工程、节能减排、生态环境保护和基础设施建设以外的项目，并追究有关领导责任。

三、国家环境保护“十二五”规划

为推进“十二五”期间环境保护事业的科学发展，加快资源节约型、环境友好型社会建设，

2011年12月15日,国务院印发了《国家环境保护"十二五"规划》(国发[2011]42号),该规划分析了当前我国的环境形势,指出了"十二五"期间环境保护工作的目标和重点任务。其主要内容如下:

1.规划的主要目标

到2015年,主要污染物排放总量显著减少;城乡饮用水水源地环境安全得到有效保障,水质大幅提高;重金属污染得到有效控制,持久性有机污染物、危险化学品、危险废物等污染防治成效明显;城镇环境基础设施建设和运行水平得到提升;生态环境恶化趋势得到扭转;核与辐射安全监管能力明显增强,核与辐射安全水平进一步提高;环境监管体系得到健全。

2.推进主要污染物减排

(1)加大结构调整力度。

①加快淘汰落后产能。严格执行《产业结构调整指导目录》、《部分工业行业淘汰落后生产工艺装备和产品指导目录》。加大钢铁、有色、建材、化工、电力、煤炭、造纸、印染、制革等行业落后产能淘汰力度。制订年度实施方案,将任务分解落实到地方、企业,并向社会公告淘汰落后产能企业名单。建立新建项目与污染减排、淘汰落后产能相衔接的审批机制,落实产能等量或减量置换制度。重点行业新建、扩建项目环境影响审批要将主要污染物排放总量指标作为前置条件。

②着力减少新增污染物排放量。合理控制能源消费总量,促进非化石能源发展,到2015年,非化石能源占一次能源消费比重达到11.4%。提高煤炭洗选加工水平。增加天然气、煤层气供给,降低煤炭在一次能源消费中的比重。在大气联防联控重点区域开展煤炭消费总量控制试点。进一步提高高耗能、高排放和产能过剩行业准入门槛。探索建立单位产品污染物产生强度评价制度。积极培育节能环保、新能源等战略性新兴产业,鼓励发展节能环保型交通运输方式。

③大力推行清洁生产和发展循环经济。提高造纸、印染、化工、冶金、建材、有色、制革等行业污染物排放标准和清洁生产评价指标,鼓励各地制定更加严格的污染物排放标准。全面推行排污许可制度。推进农业、工业、建筑、商贸服务等领域清洁生产示范。深化循环经济示范试点,加快资源再生利用产业化,推进生产、流通、消费各环节循环经济发展,构建覆盖全社会的资源循环利用体系。

(2)着力削减化学需氧量和氨氮排放量。

①加大重点地区、行业水污染物减排力度。在已富营养化的湖泊水库和东海、渤海等易发生赤潮的沿海地区实施总氮或总磷排放总量控制。在重金属污染综合防治重点区域实施重点重金属污染物排放总量控制。推进造纸、印染和化工等行业化学需氧量和氨氮排放总量控制,削减比例较2010年不低于10%。严格控制长三角、珠三角等区域的造纸、印染、制革、农药、氮肥等行业新建单纯扩大产能项目。禁止在重点流域江河源头新建有色、造纸、印染、化工、制革等项目。

②提升城镇污水处理水平。加大污水管网建设力度,推进雨、污分流改造,加快县城和重点建制镇污水处理厂建设,到2015年,全国新增城镇污水管网约16万千米,新增污水日处理能力4200万吨,基本实现所有县和重点建制镇具备污水处理能力,污水处理设施负荷率提高到80%以上,城市污水处理率达到85%。推进污泥无害化处理处置和污水再生利用。加强污水处理设施运行和污染物削减评估考核,推进城市污水处理厂监控平台建设。滇池、巢湖、太

湖等重点流域和沿海地区城镇污水处理厂要提高脱氮除磷水平。

③推动规模化畜禽养殖污染防治。优化养殖场布局，合理确定养殖规模，改进养殖方式，推行清洁养殖，推进养殖废弃物资源化利用。严格执行畜禽养殖业污染物排放标准，对养殖小区、散养密集区污染物实行统一收集和治理。到2015年，全国规模化畜禽养殖场和养殖小区配套建设固体废物和污水贮存处理设施的比例达到50%以上。

(3)加大二氧化硫和氮氧化物减排力度。

①持续推进电力行业污染减排。新建燃煤机组要同步建设脱硫脱硝设施，未安装脱硫设施的现役燃煤机组要加快淘汰或建设脱硫设施，烟气脱硫设施要按照规定取消烟气旁路。加快燃煤机组低氮燃烧技术改造和烟气脱硝设施建设，单机容量30万千瓦以上(含)的燃煤机组要全部加装脱硝设施。加强对脱硫脱硝设施运行的监管，对不能稳定达标排放的，要限期进行改造。

②加快其他行业脱硫脱硝步伐。推进钢铁行业二氧化硫排放总量控制，全面实施烧结机烟气脱硫，新建烧结机应配套建设脱硫脱硝设施。加强水泥、石油石化、煤化工等行业二氧化硫和氮氧化物治理。石油石化、有色、建材等行业的工业窑炉要进行脱硫改造。新型干法水泥窑要进行低氮燃烧技术改造，新建水泥生产线要安装效率不低于60%的脱硝设施。因地制宜开展燃煤锅炉烟气治理，新建燃煤锅炉要安装脱硫脱硝设施，现有燃煤锅炉要实施烟气脱硫，东部地区的现有燃煤锅炉还应安装低氮燃烧装置。

③开展机动车船氮氧化物控制。实施机动车环境保护标志管理。加速淘汰老旧汽车、机车、船舶，到2015年，基本淘汰2005年以前注册运营的“黄标车”。提高机动车环境准入要求，加强生产一致性检查，禁止不符合排放标准的车辆生产、销售和注册登记。鼓励使用新能源车。全面实施国家第四阶段机动车排放标准，在有条件的地区实施更严格的排放标准。提升车用燃油品质，鼓励使用新型清洁燃料，在全国范围供应符合国家第四阶段标准的车用燃油。积极发展城市公共交通，探索调控特大型和大型城市机动车保有总量。

3.切实解决突出环境问题

(1)改善水环境质量。

①严格保护饮用水水源地。全面完成城市集中式饮用水水源保护区审批工作，取缔水源保护区内违法建设项目和排污口。推进水源地环境整治、恢复和规范化建设。加强对水源保护区外汇水区有毒有害物质的监管。地级以上城市集中式饮用水水源地要定期开展水质全分析。健全饮用水水源环境信息公开制度，加强风险防范和应急预警。

②深化重点流域水污染防治。明确各重点流域的优先控制单元，实行分区控制。淮河流域要突出抓好氨氮控制，重点推进淮河干流及郑州、开封、淮北、淮南、蚌埠、亳州、菏泽、济宁、枣庄、临沂、徐州等城市水污染防治，干流水质基本达到Ⅲ类。海河流域要加强水资源利用与水污染防治统筹，以饮用水安全保障、城市水环境改善和跨界水污染协同治理为重点，大幅减少污染负荷，实现劣Ⅴ类水质断面比重明显下降。辽河流域要加强城市水系环境综合整治，推进辽河保护区建设，实现辽河干流以及招苏台河、条子河、大辽河等支流水质明显好转。三峡库区及其上游要加强污染治理、水生态保护及水源涵养，确保上游及库区水质保持优良。松花江流域要加强城市水系环境综合整治和面源污染治理，国控断面水质基本消除劣Ⅴ类。黄河中上游要重点推进渭河、汾河、湟水河等支流水污染防治，加强宁东、鄂尔多斯和陕北等能源化工基地的环境风险防控，加强河套灌区农业面源污染防治，实现支流水质大幅改善，干流稳

定达到使用功能要求。太湖流域要着力降低入湖总氮、总磷等污染负荷，湖体水质由劣Ⅴ类提高到Ⅴ类，富营养化趋势得到遏制。巢湖流域要加强养殖和入湖污染控制，削减氨氮、总氮和总磷污染负荷，加强湖区生态修复，遏制湖体富营养化趋势，主要入湖支流基本消除劣Ⅴ类水质。滇池流域要综合推进湖体、生态防护区域、引导利用区域和水源涵养区域的水污染防治，改善入湖河流和湖体水质。南水北调中线丹江口库区及上游要加强水污染防治和水土流失治理，推进农业面源污染治理，实现水质全面达标；东线水源区及沿线要进一步深化污染治理，确保调水水质。

③抓好其他流域水污染防治。加大长江中下游、珠江流域污染防治力度，实现水质稳定并有所好转。将西南诸河、西北内陆诸河、东南诸河，鄱阳湖、洞庭湖、洪泽湖、抚仙湖、梁子湖、博斯腾湖、艾比湖、微山湖、青海湖和洱海等作为保障和提升水生态安全的重点地区，探索建立水生态环境质量评价指标体系，开展水生态安全综合评估，落实水污染防治和水生态安全保障措施。加强湖北省长湖、三湖、白露湖、洪湖和云南省异龙湖等综合治理。加大对黑龙江、乌苏里江、图们江、额尔齐斯河、伊犁河等河流的环境监管和污染防治力度。加大对水质良好或生态脆弱湖泊的保护力度。

④综合防控海洋环境污染和生态破坏。坚持陆海统筹、河海兼顾，推进渤海等重点海域综合治理。落实重点海域排污总量控制制度。加强近岸海域与流域污染防治的衔接。加强对海岸工程、海洋工程、海洋倾废和船舶污染的环境监管，在生态敏感地区严格控制围填海活动。降低海水养殖污染物排放强度。加强海岸防护林建设，保护和恢复滨海湿地、红树林、珊瑚礁等典型海洋生态系统。加强海洋生物多样性保护。在重点海域逐步增加生物、赤潮和溢油监测项目，强化海上溢油等事故应急处置。建立海洋环境监测数据共享机制。到2015年，近岸海域水质总体保持稳定，长江、黄河、珠江等河口和渤海等重点海湾的水质有所改善。

⑤推进地下水污染防控。开展地下水污染状况调查和评估，划定地下水污染治理区、防控区和一般保护区。加强重点行业地下水环境监管。取缔渗井、渗坑等地下水污染源，切断废弃钻井、矿井等污染途径。防范地下工程设施、地下勘探、采矿活动污染地下水。控制危险废物、城镇污染、农业面源污染对地下水的影响。严格防控污染土壤和污水灌溉对地下水的污染。在地下水污染突出区域进行修复试点，重点加强华北地区地下水污染防治。开展海水入侵综合防治示范。

(2)实施多种大气污染物综合控制。

①深化颗粒物污染控制。加强工业烟粉尘控制，推进燃煤电厂、水泥厂除尘设施改造，钢铁行业现役烧结(球团)设备要全部采用高效除尘器，加强工艺过程除尘设施建设。20蒸吨(含)以上的燃煤锅炉要安装高效除尘器，鼓励其他中小型燃煤工业锅炉使用低灰分煤或清洁能源。加强施工工地、渣土运输及道路等扬尘控制。

②加强挥发性有机污染物和有毒废气控制。加强石化行业生产、输送和存储过程挥发性有机污染物排放控制。鼓励使用水性、低毒或低挥发性的有机溶剂，推进精细化工行业有机废气污染治理，加强有机废气回收利用。实施加油站、油库和油罐车的油气回收综合治理工程。开展挥发性有机污染物和有毒废气监测，完善重点行业污染物排放标准。严格污染源监管，减少含汞、铅和二口恶英等有毒有害废气排放。

③推进城市大气污染防治。在大气污染联防联控重点区域，建立区域空气环境质量评价体系，开展多种污染物协同控制，实施区域大气污染物特别排放限值，对火电、钢铁、有色、石

化、建材、化工等行业进行重点防控。在京津冀、长三角和珠三角等区域开展臭氧、细颗粒物(PM2.5)等污染物监测,开展区域联合执法检查,到2015年,上述区域复合型大气污染得到控制,所有城市空气环境质量达到或好于国家二级标准,酸雨、灰霾和光化学烟雾污染明显减少。实施城市清洁空气行动,加强乌鲁木齐等城市大气污染防治。实行城市空气质量分级管理,尚未达到标准的城市要制定并实施达标方案。加强餐饮油烟污染控制和恶臭污染治理。

④加强城乡声环境质量管理。加大交通、施工、工业、社会生活等领域噪声污染防治力度。划定或调整声环境功能区,强化城市声环境达标管理,扩大达标功能区面积。做好重点噪声源控制,解决噪声扰民问题。强化噪声监管能力建设。

(3)加强土壤环境保护。

①加强土壤环境保护制度建设。完善土壤环境质量标准,制定农产品产地土壤环境保护监督管理办法和技术规范。研究建立建设项目用地土壤环境质量评估与备案制度及污染土壤调查、评估和修复制度,明确治理、修复的责任主体和要求。

②强化土壤环境监管。深化土壤环境调查,对粮食、蔬菜基地等敏感区和矿产资源开发影响区进行重点调查。开展农产品产地土壤污染评估与安全等级划分试点。加强城市和工矿企业污染场地环境监管,开展污染场地再利用的环境风险评估,将场地环境风险评估纳入建设项目环境影响评价,禁止未经评估和无害化治理的污染场地进行土地流转和开发利用。经评估认定对人体健康有严重影响的污染场地,应采取措施防止污染扩散,且不得用于住宅开发,对已有居民要实施搬迁。

③推进重点地区污染场地和土壤修复。以大中城市周边、重污染工矿企业、集中治污设施周边、重金属污染防治重点区域、饮用水水源地周边、废弃物堆存场地等典型污染场地和受污染农田为重点,开展污染场地、土壤污染治理与修复试点示范。对责任主体灭失等历史遗留场地土壤污染要加大治理修复的投入力度。

(4)强化生态保护和监管。

①强化生态功能区保护和建设。加强大小兴安岭森林、长白山森林等25个国家重点生态功能区的保护和管理,制定管理办法,完善管理机制。加强生态环境监测与评估体系建设,开展生态系统结构和功能的连续监测和定期评估。实施生态保护和修复工程。严格控制重点生态功能区污染物排放总量和产业准入环境标准。

②提升自然保护区建设与监管水平。开展自然保护区基础调查与评估,统筹完善全国自然保护区发展规划。加强自然保护区建设和管理,严格控制自然保护区范围和功能分区的调整,严格限制涉及自然保护区的开发建设活动,规范自然保护区内土地和海域管理。加强国家级自然保护区规范化建设。优化自然保护区空间结构和布局,重点加强西南高山峡谷区、中南西部山地丘陵区、近岸海域等区域和河流水生生态系统自然保护区建设力度。抢救性保护中东部地区人类活动稠密区域残存的自然生境。到2015年,陆地自然保护区面积占国土面积的比重稳定在15%。

③加强生物多样性保护。继续实施《中国生物多样性保护战略与行动计划(2011—2030年)》,加大生物多样性保护优先区域的保护力度,完成8至10个优先区域生物多样性本底调查与评估。开展生物多样性监测试点以及生物多样性保护示范区、恢复示范区等建设。推动重点地区和行业的种质资源库建设。加强生物物种资源出入境监管。研究建立生物遗传资源获取与惠益共享制度。研究制定防止外来物种入侵和加强转基因生物安全管理的法规。强化

对转基因生物体环境释放和环境改善用途微生物利用的监管，开展外来有害物种防治。发布受威胁动植物和外来入侵物种名录。到 2015 年，90％的国家重点保护物种和典型生态系统得到保护。

④推进资源开发生态环境监管。落实生态功能区划，规范资源开发利用活动。加强矿产、水电、旅游资源开发和交通基础设施建设中的生态监管，落实相关企业在生态保护与恢复中的责任。实施矿山环境治理和生态恢复保证金制度。

4. 加强重点领域环境风险防控

(1)推进环境风险全过程管理。

①开展环境风险调查与评估。以排放重金属、危险废物、持久性有机污染物和生产使用危险化学品的企业为重点，全面调查重点环境风险源和环境敏感点，建立环境风险源数据库。研究环境风险的产生、传播、防控机制。开展环境污染与健康损害调查，建立环境与健康风险评估体系。

②完善环境风险管理措施。完善以预防为主的环境风险管理制度，落实企业主体责任。制定环境风险评估规范，完善相关技术政策、标准、工程建设规范。建设项目环境影响评价审批要对防范环境风险提出明确要求。建立企业突发环境事件报告与应急处理制度、特征污染物监测报告制度。对重点风险源、重要和敏感区域定期进行专项检查，对高风险企业要予以挂牌督办、限期整改或搬迁，对不具备整改条件的，应依法予以关停。建立环境应急救援网络，完善环境应急预案，定期开展环境事故应急演练。完善突发环境事件应急救援体系，构建政府引导、部门协调、分级负责、社会参与的环境应急救援机制，依法科学妥善处置突发环境事件。

③建立环境事故处置和损害赔偿恢复机制。将有效防范和妥善应对重大突发环境事件作为地方人民政府的重要任务，纳入环境保护目标责任制。推进环境污染损害鉴定评估机构建设，建立鉴定评估工作机制，完善损害赔偿制度。建立损害评估、损害赔偿以及损害修复技术体系。健全环境污染责任保险制度，研究建立重金属排放等高环境风险企业强制保险制度。

(2)加强核与辐射安全管理。

①提高核能与核技术利用安全水平。加强重大自然灾害对核设施影响的分析和预测预警。进一步提高核安全设备设计、制造、安装、运行的可靠性。加强研究堆和核燃料循环设施的安全整改，对不能满足安全要求的设施要限制运行或逐步关停。规范核技术利用行为，开展核技术利用单位综合安全检查，对安全隐患大的核技术利用项目实施强制退役。

②加强核与辐射安全监管。完善核与辐射安全审评方法。加强运行核设施安全监管，强化对在建、拟建核设施的安全分析和评估，完善核安全许可制度。完善早期核设施的安全管理。加强对核材料、放射性物品生产、运输、存储等环节的安全监管。加强核技术利用安全监管，完善核技术利用辐射安全管理信息系统。加强辐射环境质量监测和核设施流出物监督性监测。完善核与辐射安全监管国际合作机制，加强核安全宣传和科普教育。

③加强放射性污染防治。推进早期核设施退役和放射性污染治理。开展民用辐射照射装置退役和废源回收工作。加快放射性废物贮存、处理和处置能力建设，基本消除历史遗留中低放废液的安全风险。加快铀矿、伴生放射性矿污染治理，关停不符合安全要求的铀矿冶设施，建立铀矿冶退役治理工程长期监护机制。

(3)遏制重金属污染事件高发态势。

①加强重点行业和区域重金属污染防治。以有色金属矿（含伴生矿）采选业、有色金属冶

炼业、铅蓄电池制造业、皮革及其制品业、化学原料及化学制品制造业等行业为重点，加大防控力度，加快重金属相关企业落后产能淘汰步伐。合理调整重金属相关企业布局，逐步提高行业准入门槛，严格落实卫生防护距离。坚持新增产能与淘汰产能等量置换或减量置换，禁止在重点区域新改扩建增加重金属污染物排放量的项目。鼓励各省(区、市)在其非重点区域内探索重金属排放量置换、交易试点。制定并实施重点区域、行业重金属污染物特别排放限值。加强湘江等流域、区域重金属污染综合治理。到 2015 年，重点区域内重点重金属污染物排放量比 2007 年降低 15%，非重点区域重点重金属污染物排放量不超过 2007 年水平。

②实施重金属污染源综合防治。将重金属相关企业作为重点污染源进行管理，建立重金属污染物产生、排放台账，强化监督性监测和检查制度。对重点企业每两年进行一次强制清洁生产审核。推动重金属相关产业技术进步，鼓励企业开展深度处理。鼓励铅蓄电池制造业、有色金属冶炼业、皮革及其制品业、电镀等行业实施同类整合、园区化管理，强化园区的环境保护要求。健全重金属污染健康危害监测与诊疗体系。

(4)推进固体废物安全处理处置。

①加强危险废物污染防治。落实危险废物全过程管理制度，确定重点监管的危险废物产生单位清单，加强危险废物产生单位和经营单位规范化管理，杜绝危险废物非法转移。对企业自建的利用处置设施进行排查、评估，促进危险废物利用和处置产业化、专业化和规模化发展。控制危险废物填埋量。取缔废弃铅酸蓄电池非法加工利用设施。规范实验室等非工业源危险废物管理。加快推进历史堆存铬渣的安全处置，确保新增铬渣得到无害化利用处置。加强医疗废物全过程管理和无害化处置设施建设，因地制宜推进农村、乡镇和偏远地区医疗废物无害化管理，到 2015 年，基本实现地级以上城市医疗废物得到无害化处置。

②加大工业固体废物污染防治力度。完善鼓励工业固体废物利用和处置的优惠政策，强化工业固体废物综合利用和处置技术开发，加强煤矸石、粉煤灰、工业副产石膏、冶炼和化工废渣等大宗工业固体废物的污染防治，到 2015 年，工业固体废物综合利用率达到 72%。推行生产者责任延伸制度，规范废弃电器电子产品的回收处理活动，建设废旧物品回收体系和集中加工处理园区，推进资源综合利用。加强进口废物圈区管理。

③提高生活垃圾处理水平。加快城镇生活垃圾处理设施建设，到 2015 年，全国城市生活垃圾无害化处理率达到 80%，所有县具有生活垃圾无害化处理能力。健全生活垃圾分类回收制度，完善分类回收、密闭运输、集中处理体系，加强设施运行监管。对垃圾简易处理或堆放设施和场所进行整治，对已封场的垃圾填埋场和旧垃圾场要进行生态修复、改造。鼓励垃圾厌氧制气、焚烧发电和供热、填埋气发电、餐厨废弃物资源化利用。推进垃圾渗滤液和垃圾焚烧飞灰处置工程建设。开展工业生产过程协同处理生活垃圾和污泥试点。

5.健全化学品环境风险防控体系

①严格化学品环境监管。完善危险化学品环境管理登记及新化学物质环境管理登记制度。制定有毒有害化学品淘汰清单，依法淘汰高毒、难降解、高环境危害的化学品。制定重点环境管理化学品清单；限制生产和使用高环境风险化学品。完善相关行业准入标准、环境质量标准、排放标准和监测技术规范，推行排放、转移报告制度，开展强制清洁生产审核。健全化学品环境管理机构。建立化学品环境污染责任终身追究制和全过程行政问责制。

②加强化学品风险防控。加强化工园区环境管理，严格新建化工园区的环境影响评价审批，加强现有化工企业集中区的升级改造。新建涉及危险化学品的项目应进入化工园区或化

工聚集区，现有化工园区外的企业应逐步搬迁入园。制定化工园区环境保护设施建设标准，完善园区相关设施和环境应急体系建设。加强重点环境管理类危险化学品废弃物和污染场地的管理与处置。推进危险化学品企业废弃危险化学品暂存库建设和处理处置能力建设。以铁矿石烧结、电弧炉炼钢、再生有色金属生产、废弃物焚烧等行业为重点，加强污染防治，建立完善的污染防治体系和长效监管机制；到2015年，重点行业排放强度降低10%。

四、"十二五"节能减排综合性工作方案

"十一五"时期，各地区、各部门认真贯彻落实党中央、国务院的决策部署，把节能减排作为调整经济结构、转变经济发展方式、推动科学发展的重要抓手和突破口，取得了显著成效。全国单位国内生产总值能耗降低19.1%，二氧化硫、化学需氧量排放总量分别下降14.29%和12.45%，基本实现了"十一五"规划纲要确定的约束性目标，扭转了"十五"后期单位国内生产总值能耗和主要污染物排放总量大幅上升的趋势，为保持经济平稳较快发展提供了有力支撑，为应对全球气候变化作出了重要贡献，也为实现"十二五"节能减排目标奠定了坚实基础。

"十二五"时期，我国发展仍处于可以大有作为的重要战略机遇期。随着工业化、城镇化进程加快和消费结构持续升级，我国能源需求呈刚性增长，受国内资源保障能力和环境容量制约以及全球性能源安全和应对气候变化影响，资源环境约束日趋强化，"十二五"时期节能减排形势仍然十分严峻，任务十分艰巨。2011年8月31日，国务院印发了《"十二五"节能减排综合性工作方案》(国发[2011]26号)，明确了"十二五"期间节能减排的目标任务和要求。

该方案包括节能减排总体要求和主要目标、强化节能减排目标责任、调整优化产业结构、实施节能减排重点工程、加强节能减排管理、大力发展循环经济、加快节能减排技术开发和推广应用、完善节能减排经济政策、强化节能减排监督检查、推广节能减排市场化机制、加强节能减排基础工作和能力建设、动员全社会参与节能减排等十二部分内容。其主要内容如下：

1.节能减排总体要求和主要目标

(1)总体要求。以邓小平理论和"三个代表"重要思想为指导，深入贯彻落科学发展观，坚持降低能源消耗强度、减少主要污染物排放总量、合理控制能源消费总量相结合，形成加快转变经济发展方式的倒逼机制；坚持强化责任、健全法制、完善政策、加强监管相结合，建立健全激励和约束机制；坚持优化产业结构、推动技术进步、强化工程措施、加强管理引导相结合，大幅度提高能源利用效率，显著减少污染物排放；进一步形成政府为主导、企业为主体、市场有效驱动、全社会共同参与的推进节能减排工作格局，确保实现"十二五"节能减排约束性目标，加快建设资源节约型、环境友好型社会。

(2)主要目标。到2015年，全国万元国内生产总值能耗下降到0.869吨标准煤(按2005年价格计算)，比2010年的1.0341标准煤下降16%，比2005年的1.276吨标准煤下降32%；"十二五"期间，实现节约能源6.7亿吨标准煤。2015年，全国化学需氧量和二氧化硫排放总量分别控制在2347.6万吨、2086.4万吨，比2010年的2551.7万吨、2267.8万吨分别下降8%；全国氨氮和氮氧化物排放总量分别控制在238.0万、2046.2万吨，比2010年的264.4万吨、2273.6万吨分别下降10%。

2.实施节能减排重点工程

(1)实施节能重点工程。实施锅炉窑炉改造、电机系统节能、能量系统优化、余热余压利用、节约替代石油、建筑节能、绿色照明等节能改造工程，以及节能技术产业化示范工程、节能

产品惠民工程、合同能源管理推广工程和节能能力建设工程。到2015年，工业锅炉、窑炉平均运行效率比2010年分别提高5%和2%，电机系统运行效率提高2%～3%，新增余热余压发电能力2000万千瓦，北方采暖地区既有居住建筑供热计量和节能改造4亿平方米以上，夏热冬冷地区既有居住建筑节能改造5000万平方米，公共建筑节能改造6000万平方米，高效节能产品市场份额大幅度提高。"十二五"时期，形成3亿吨标准煤的节能能力。

(2)实施污染物减排重点工程。推进城镇污水处理设施及配套管网建设，改造提升现有设施，强化脱氮除磷，大力推进污泥处理处置，加强重点流域区域污染综合治理。到2015年，基本实现所有县和重点建制镇具备污水处理能力，全国新增污水日处理能力4200万吨，新建配套管网约16万千米，城市污水处理率达到85%，形成化学需氧量和氨氮削减能力280万吨、30万吨。实施规模化畜禽养殖场污染治理工程，形成化学需氧量和氨氮削减能力140万吨、10万吨。实施脱硫脱硝工程，推动燃煤电厂、钢铁行业烧结机脱硫，形成二氧化硫削减能力277万吨；推动燃煤电厂、水泥等行业脱硝，形成氮氧化物削减能力358万吨。

(3)实施循环经济重点工程。实施资源综合利用、废旧商品回收体系、"城市矿产"示范基地、再制造产业化、餐厨废弃物资源化、产业园区循环化改造、资源循环利用技术示范推广等循环经济重点工程，建设100个资源综合利用示范基地、80个废旧商品回收体系示范城市、50个"城市矿产"示范基地、5个再制造产业集聚区、100个城市餐厨废弃物资源化利用和无害化处理示范工程。

(4)多渠道筹措节能减排资金。节能减排重点工程所需资金主要由项目实施主体通过自有资金、金融机构贷款、社会资金解决，各级人民政府应安排一定的资金予以支持和引导。地方各级人民政府要切实承担城镇污水处理设施和配套管网建设的主体责任，严格城镇污水处理费征收和管理，国家对重点建设项目给予适当支持。

3.加强节能减排管理

(1)合理控制能源消费总量。建立能源消费总量控制目标分解落实机制，制定实施方案，把总量控制目标分解落实到地方政府，实行目标责任管理，加大考核和监督力度。将固定资产投资项目节能评估审查作为控制地区能源消费增量和总量的重要措施。建立能源消费总量预测预警机制，跟踪监测各地区能源消费总量和高耗能行业用电量等指标，对能源消费总量增长过快的地区及时预警调控。在工业、建筑、交通运输、公共机构以及城乡建设和消费领域全面加强用能管理，切实改变敞开口子供应能源、无节制使用能源的现象。在大气联防联控重点区域开展煤炭消费总量控制试点。

(2)强化重点用能单位节能管理。依法加强年耗能万吨标准煤以上用能单位节能管理，开展万家企业节能低碳行动，实现节能2.5亿吨标准煤。落实目标责任，实行能源审计制度，开展能效水平对标活动，建立健全企业能源管理体系，扩大能源管理师试点；实行能源利用状况报告制度，加快实施节能改造，提高能源管理水平。地方节能主管部门每年组织对进入万家企业节能低碳行动的企业节能目标完成情况进行考核，公告考核结果。对未完成年度节能任务的企业，强制进行能源审计，限期整改。中央企业要接受所在地区节能主管部门的监管，争当行业节能减排的排头兵。

(3)加强工业节能减排。重点推进电力、煤炭、钢铁、有色金属、石油石化、化工、建材、造纸、纺织、印染、食品加工等行业节能减排，明确目标任务，加强行业指导，推动技术进步，强化监督管理。发展热电联产，推广分布式能源。开展智能电网试点。推广煤炭清洁利用，提高原煤入洗比例，加快煤层气开发利用。实施工业和信息产业能效提升计划。推动信息数据中心、通信机房和基站节能改造。实行电力、钢铁、造纸、印染等行业主要污染物排放总量控制。新建燃煤机组全部安装脱硫脱硝设施，现役燃煤机组必须安装脱硫设施，不能稳定达标排放的要进行更新改造，烟气脱硫设施要按照规定取消烟气旁路。单机容量30万千瓦及以上燃煤机组全部加装脱硝设施。钢铁行业全面实施烧结机烟气脱硫，新建烧结机配套安装脱硫脱硝设施。石油石化、有色金属、建材等重点行业实施脱硫改造。新型干法水泥窑实施低氮燃烧技术改造，配套建设脱硝设施。加强重点区域、重点行业和重点企业重金属污染防治，以湘江流域为重点开展重金属污染治理与修复试点示范。

(4)推动建筑节能。制订并实施绿色建筑行动方案，从规划、法规、技术、标准、设计等方面全面推进建筑节能。新建建筑严格执行建筑节能标准，提高标准执行率。推进北方采暖地区既有建筑供热计量和节能改造，实施“节能暖房”工程，改造供热老旧管网，实行供热计量收费和能耗定额管理。做好夏热冬冷地区建筑节能改造。推动可再生能源与建筑一体化应用，推广使用新型节能建材和再生建材，继续推广散装水泥。加强公共建筑节能监管体系建设，完善能源审计、能效公示，推动节能改造与运行管理。研究建立建筑使用全寿命周期管理制度，严格建筑拆除管理。加强城市照明管理，严格防止和纠正过度装饰和亮化。

(5)推进交通运输节能减排。加快构建综合交通运输体系，优化交通运输结构。积极发展城市公共交通，科学合理配置城市各种交通资源，有序推进城市轨道交通建设。提高铁路电气化比重。实施低碳交通运输体系建设城市试点，深入开展“车船路港”千家企业低碳交通运输专项行动，推广公路甩挂运输，全面推行不停车收费系统，实施内河船型标准化，优化航路航线，推进航空、远洋运输业节能减排。开展机场、码头、车站节能改造。加速淘汰老旧汽车、机车、船舶，基本淘汰2005年以前注册运营的“黄标车”，加快提升车用燃油品质。实施第四阶段机动车排放标准，在有条件的重点城市和地区逐步实施第五阶段排放标准。全面推行机动车环保标志管理，探索城市调控机动车保有总量，积极推广节能与新能源汽车。

(6)促进农业和农村节能减排。加快淘汰老旧农用机具，推广农用节能机械、设备和渔船。推进节能型住宅建设，推动省柴节煤灶更新换代，开展农村水电增效扩容改造。发展户用沼气和大中型沼气，加强运行管理和维护服务。治理农业面源污染，加强农村环境综合整治，实施农村清洁工程，规模化养殖场和养殖小区配套建设废弃物处理设施的比例达到50%以上，鼓励污染物统一收集、集中处理。因地制宜推进农村分布式、低成本、易维护的污水处理设施建设。推广测土配方施肥，鼓励使用高效、安全、低毒农药，推动有机农业发展。

(7)推动商业和民用节能。在零售业等商贸服务和旅游业开展节能减排行动，加快设施节能改造，严格用能管理，引导消费行为。宾馆、商厦、写字楼、机场、车站等要严格执行夏季、冬季空调温度设置标准。在居民中推广使用高效节能家电、照明产品，鼓励购买节能环保型汽车，支持乘用公共交通，提倡绿色出行。减少一次性用品使用，限制过度包装，抑制不合理消费。

(8)加强公共机构节能减排。公共机构新建建筑实行更加严格的建筑节能标准。加快公共机构办公区节能改造，完成办公建筑节能改造6000万平方米。国家机关供热实行按热量收费。开展节约型公共机构示范单位创建活动，创建2000家示范单位。推进公务用车制度改革，严格用车油耗定额管理，提高节能与新能源汽车比例。建立完善公共机构能源审计、能效公示和能耗定额管理制度，加强能耗监测平台和能监管体系建设。支持军队重点用能设施设备节能改造。

4.加快节能减排技术产业化示范和推广应用

(1)加大节能减排技术产业化示范。实施节能减排重大技术与装备产业化工程,重点支持稀土永磁无铁芯电机、半导体照明、低品位余热利用、地热和浅层地温能应用、生物脱氮除磷、烧结机烟气脱硫脱硝一体化、高浓度有机废水处理、污泥和垃圾渗滤液处理处置、废弃电器电子产品资源化、金属无害化处理等关键技术与设备产业化,加快产业化基地建设。

(2)加快节能减排技术推广应用。编制节能减排技术政策大纲。继续发布国家重点节能技术推广目录、国家鼓励发展的重大环保技术装备目录,建立节能减排技术遴选、评定及推广机制。重点推广能量梯级利用、低温余热发电、先进煤气化、高压变频调速、干熄焦、蓄热式加热炉、吸收式热泵供暖、冰蓄冷、高效换热器,以及干法和半干法烟气脱硫、膜生物反应器、选择性催化还原氮氧化物控制等节能减排技术。加强与有关国际组织、政府在节能环保领域的交流与合作,积极引进、消化、吸收国外先进节能环保技术,加大推广力度。

(3)严格节能评估审查和环境影响评价制度。把污染物排放总量指标作为环评审批的前置条件,对年度减排目标未完成、重点减排项目未按目标责任书落实的地区和企业,实行阶段性环评限批。对未通过能评、环评审查的投资项目,有关部门不得审批、核准、批准开工建设,不得发放生产许可证、安全生产许可证、排污许可证,金融机构不得发放贷款,有关单位不得供水、供电。加强能评和环评审查的监督管理,严肃查处各种违规审批行为。能评费用由节能审查机关同级财政部门安排。

五、全国生态环境保护纲要

2000 年 11 月 26 日,国务院发布了《全国生态环境保护纲要》(国发[2000]38 号,以下简称《纲要》),要求各地区、各有关部门要根据《纲要》,制订本地区、本部门的生态环境保护规划,积极采取措施,加大生态环境保护工作力度,扭转生态环境恶化趋势,为实现祖国秀美山川的宏伟目标而努力奋斗。

"九五"以来,国家进一步加大了生态环境建设的力度,退耕还林还草、退田还湖、天然林保护、草原建设等生态建设工程取得重大进展,一些生态破坏严重的地区得到有效的恢复和改善。但总体上看,我国普遍存在的粗放型经济增长方式和掠夺式的资源开发利用方式仍未根本转变,以牺牲环境为代价换取眼前和局部利益的现象在一些地区依然严重。只抓生态建设,不注意生态保护,边建设边破坏,不仅加大了国家生态建设的任务和压力,而且也无法巩固生态建设成果,难以从根本上遏制生态恶化的趋势,而实现生态环境状况的好转。只有坚持"保护优先、预防为主、防治结合"的生态环境保护与建设工作方针,并不断加强对自然资源开发的生态保护监管,才能逐步取得成效。

制定《纲要》的根本出发点就是全面落实"保护优先、预防为主、防治结合"的方针,以减少新的生态破坏,巩固生态建设成果,从根本上遏制我国生态环境不断恶化的趋势。

1.全国生态环境保护目标

通过生态环境保护,遏制生态环境破坏,减轻自然灾害的危害;促进自然资源的合理、科学利用,实现自然生态系统良性循环;以改善生态环境质量和维护国家生态环境安全,确保国民经济和社会的可持续发展。

近期目标,到 2010 年基本遏制生态环境破坏趋势。建设一批生态功能保护区,使重要生态功能区的生态系统和生态功能得到保护与恢复;在切实抓好现有自然保护区建设与管理的同时,抓紧建设一批新的自然保护区;加强生态示范区和生态农业县建设,全国部分县(市、区)基本实现山川秀美、自然生态系统良性循环的目标。

远期目标,到2030年全面遏制生态环境恶化的趋势。全国50%的县(市、区)实现秀美山川、自然生态系统良性循环,30%以上的城市达到生态城市和园林城市标准。到2050年,力争全国生态环境得到全面改善,实现城乡环境清洁和自然生态系统良性循环,全国大部分地区实现秀美山川的宏伟目标。

2.重要生态功能区的类型和级别及保护措施

江河源头区、重要水源涵养区、水土保持的重点预防保护区和重点监督区、江河洪水调蓄区、防风固沙区和重要渔业水域等重要生态功能区,在保持流域、区域生态平衡,减轻自然灾害,确保国家和地区生态环境安全方面具有重要作用。这些区域的现有植被和自然生态系统应严加保护,通过建立生态功能保护区,实施保护措施,防止生态环境的破坏和生态功能的退化。

生态功能保护区分为两级,跨省域和重点流域、重点区域的重要生态功能区,建立国家级生态功能保护区;跨地(市)和县(市)的重要生态功能区,建立省级和地(市)级生态功能保护区。

生态功能保护区的保护措施包括:停止一切导致生态功能继续退化的开发活动和其他人为破坏活动;停止一切产生严重环境污染的工程项目建设;严格控制人口增长,区内人口已超出承载能力的应采取必要的移民措施;改变粗放生产经营方式,走生态经济型发展道路,对已经破坏的重要生态系统,要结合生态环境建设措施,认真组织重建与恢复,尽快遏制生态环境恶化趋势。

3.各类资源开发利用的生态环境保护要求

(1)切实加强对水、土地、森林、草原、海洋、矿产等重要自然资源的环境管理,严格资源开发利用中的生态环境保护工作。各类自然资源的开发,必须遵守相关的法律法规,依法履行生态环境影响评价手续;资源开发重点建设项目,应编报水土保持方案,否则一律不得开工建设。

(2)水资源开发利用的生态环境保护。水资源的开发利用要全流域统筹兼顾,生产、生活和生态用水综合平衡,坚持开源与节流并重,节流优先,治污为本,科学开源,综合利用。建立缺水地区高耗水项目管制制度,逐步调整用水紧缺地区的高耗水产业,停止新上高耗水项目,确保流域生态用水。在发生江河断流、湖泊萎缩、地下水超采的流域和地区,应停止新的加重水平衡失调的蓄水、引水和灌溉工程;合理控制地下水开采,做到采补平衡;在地下水严重超采地区,划定地下水禁采区,抓紧清理不合理的抽水设施,防止出现大面积的地下漏斗和地表塌陷。继续加大二氧化硫和酸雨控制力度,合理开发利用和保护大气水资源;对于擅自围垦的湖泊和填占的河道,要限期退耕还湖还水。通过科学的监测评价和功能区划,规范排污许可制度和排污口管理制度。严禁向水体倾倒垃圾和建筑、工业废料,进一步加大水污染特别是重点江河湖泊水污染治理力度,加快城市污水处理设施、垃圾集中处理设施建设。加大农业面源污染控制力度,鼓励畜禽粪便资源化,确保养殖废水达标排放,严格控制氮、磷严重超标地区的氮肥、磷肥施用量。

(3)土地资源开发利用的生态环境保护。依据土地利用总体规划,实施土地用途管制制度,明确土地承包者的生态环境保护责任,加强生态用地保护,冻结征用具有重要生态功能的草地、林地、湿地。建设项目确需占用生态用地的，应严格依法报批和补偿，并实行“占一补一”的制度，确保恢复面积不少于占用面积。加强对交通、能源、水利等重大基础设施建设的生态环境保护监管，建设线路和施工场址要科学选比，尽量减少占用林地、草地和耕地，防止水土流失和土地沙化。加强非牧场草地开发利用的生态监管。大江大河上中游陡坡耕地要按照有关规划，有计划、分步骤地实行退耕还林还草，并加强对退耕地的管理，防止复耕。

(4)森林、草原资源开发利用的生态环境保护。对具有重要生态功能的林区、草原，应划为禁垦区、禁伐区或禁牧区，严格管护；已经开发利用的，要退耕退牧，育林育草，使其休养生息。实施天然林保护工程，最大限度地保护和发挥好森林的生态效益；要切实保护好各类水源涵养林、水土保持林、防风固沙林、特种用途林等生态公益林；对毁林、毁草开垦的耕地和造成的废弃地，要按照“谁批准、谁负责，谁破坏、谁恢复”的原则，限期退耕还林还草。加强森林、草原防火和病虫鼠害防治工作，努力减少林草资源灾害性损失；加大火烧迹地、采伐迹地的封山育林育草力度，加速林区、草原生态环境的恢复和生态功能的提高。大力发展风能、太阳能、生物质能等可再生能源技术，减少樵采对林草植被的破坏。

(5)发展牧业要坚持以草定畜，防止超载过牧。严重超载过牧的，应核定载畜量，限期压减牲畜头数。采取保护和利用相结合的方针，严格实行草场禁牧期、禁牧区和轮牧制度，积极开发秸秆饲料，逐步推行舍饲圈养办法，加快退化草场的恢复。在干旱、半干旱地区要因地制宜调整粮畜生产比重，大力实施种草养畜富民工程。在农牧交错区进行农业开发，不得造成新的草场破坏；发展绿洲农业，不得破坏天然植被。对牧区的已垦草场，应限期退耕还草，恢复植被。

(6)生物物种资源开发利用的生态环境保护。生物物种资源的开发应在保护物种多样性和确保生物安全的前提下进行。依法禁止一切形式的捕杀、采集濒危野生动植物的活动。严厉打击濒危野生动植物的非法贸易。严格限制捕杀、采集和销售益虫、益鸟、益兽。鼓励野生动植物的驯养、繁育。加强野生生物资源开发管理，逐步划定准采区，规范采挖方式，严禁乱采滥挖；严格禁止采集和销售发菜，取缔一切发菜贸易，坚决制止在干旱、半干旱草原滥挖具有重要固沙作用的各类野生药用植物/切实搞好重要鱼类的产卵场、索饵场、越冬场、洄游通道和重要水生生物及其生境的保护。加强生物安全管理，建立转基因生物活体及其产品的进出口管理制度和风险评估制度；对引进外来物种必须进行风险评估，加强进口检疫工作，阻止国外有害物种进入国内。

(7)海洋和渔业资源开发利用的生态环境保护。海洋和渔业资源开发利用必须按功能区划进行，做到统一规划，合理开发利用。切实加强海岸带的管理，严格围垦造地建港、海岸工程和旅游设施建设的审批，严格保护红树林、珊瑚礁、沿海防护林。加强重点渔场、江河出海口、海湾及其他渔业水域等重要水生资源繁育区的保护，严格渔业资源开发的生态环境保护监管。加大海洋污染防治力度，逐步建立污染物排海总量控制制度，加强对海上油气勘探开发、海洋倾废、船舶排污和港口的环境管理，逐步建立海上重大污染事故应急体系。

(8)矿产资源开发利用的生态环境保护。严禁在生态功能保护区、自然保护区、风景名胜区、森林公园内采矿。严禁在崩塌滑坡危险区、泥石流易发区和易导致自然景观破坏的区域采石、采砂、取土。矿产资源开发利用必须严格规划管理，开发应选取有利于生态环境保护的工期、区域和方式，把开发活动对生态环境的破坏减少到最低限度。矿产资源开发必须防止次生地质灾害的发生。在沿江、沿河、沿湖、沿库、沿海地区开采矿产资源，必须落实生态环境保护措施，尽量避免和减少对生态环境的破坏。已造成破坏的，开发者必须限期恢复。已停止采矿或关闭的矿山、坑口，必须及时做好土地复垦。

(9)旅游资源开发利用的生态环境保护。旅游资源的开发必须明确环境保护的目标与要求，确保旅游设施建设与自然景观相协调。科学定旅游区的游客容量，合理设计旅游线路，使旅游基础设施建设与生态环境的承载能力相适应。加强自然景观、景点的保护，限制对重要自然遗迹的旅游开发，从严控制重点风景名胜区的旅游开发，严格管制索道等旅游设施的建设规模与数量，对不符合规划要求建设的设施，要限期拆除。旅游区的污水、烟尘和生活垃圾处理，必须实现达标排放和科学处置。

4.对生态良好地区的生态环境实施积极性保护

生态良好地区特别是物种丰富区是生态环境保护的重点区域，要采取积极的保护措施，保证这些区域的生态系统和生态功能不被破坏。在物种丰富、具有自然生态系统代表性、典型性、未受破坏的地区，应抓紧抢建一批新的自然保护区。

继续开展城镇环境综合整治，进一步加快能源结构调整和工业污染源治理，切实加强城镇建设项目和建筑工地的环境管理，积极推进环保模范城市和环境优美城镇创建工作。

国家鼓励和支持生态良好地区，在实施可持续发展战略中发挥示范作用。进一步加快县(市)生态示范区和生态农业县建设步伐。在有条件的地区，应努力推动地级和省级生态示范区的建设。

《纲要》要求各地要抓紧编制生态功能区划，指导自然资源开发和产业合理布局，推动经济社会与生态环境保护协调、健康发展。制定重大经济技术政策、社会发展规划、经济发展计划时，应依据生态功能区划，充分考虑生态环境影响问题。

自然资源的开发和植树种草、水土保持、草原建设等重大生态环境建设项目，必须开展环境影响评价。对可能造成生态环境破坏和不利影响的项目，必须做到生态环境保护和恢复措施与资源开发和建设项目同步设计，同步施工，同步检查验收。对可能造成生态环境严重破坏的，应严格评审，坚决禁止。

六、国家重点生态功能保护区规划纲要

生态功能保护区是指在涵养水源、保持水土、调蓄洪水、防风固沙、维系生物多样性等方面具有重要作用的重要生态功能区内，有选择地划定一定面积予以重点保护和限制开发建设的区域。建立生态功能保护区，保护区域重要生态功能，对于防止和减轻自然灾害，协调流域及区域生态保护与经济社会发展，保障国家和地方生态安全具有重要意义。国家重点生态功能保护区是指对保障国家生态安全具有重要意义，需要国家和地方共同保护和管理的生态功能保护区。

党中央、国务院对重要生态功能区的保护工作十分重视。2000年国务院印发的《全国生态环境保护纲要》(以下简则称《纲要》)明确提出，要通过建立生态功能保护区，实施保护措施，防止生态环境的破坏和生态功能的退化。《中华人民共和国国民经济和社会发展第十一个五年规划纲要》将重要生态功能区建设作为推进形成主体功能区，构建资源节约型、环境友好型社会的重要任务之一。《国务院关于落实科学发展观加强环境保护的决定》将保持"重点生态功能保护区、自然保护区等的生态功能基本稳定"作为我国环境保护的目标之一。

根据党中央、国务院对建立生态功能保护区的要求，原国家环境保护总局组织编制了《国

家重点生态功能保护区规划纲要》。该纲要根据我国生态功能重要性和生态敏感性评价结果，结合《中华人民共和国国民经济和社会发展第十一个五年规划纲要》和《国务院关于编制全国主体功能区规划的意见》提出的限制开发区域有关要求，确定了我国重点生态功能保护区建设的主要目标和任务，以此来指导我国生态功能保护区的建设。根据《中华人民共和国国民经济和社会发展第十一个五年规划纲要》和《国务院关于落实科学发展观加强环境保护的决定》，生态功能保护区实行限制开发，在坚持保护优先、防治结合的前提下，合理选择发展方向，发展特色优势产业，防止各种不合理的开发建设活动导致生态功能的退化，从而减轻区域自然生态系统的压力，保护和恢复区域生态功能，逐步恢复生态平衡。

1. 指导思想

以科学发展观为指导，以保障国家和区域生态安全为出发点，以维护并改善区域重要生态功能为目标，以调整产业结构为手段，统筹人与自然和谐发展，把生态保护和建设与地方社会经济发展、群众生活水平提高有机结合起来，统一规划，优先保护，限制开发，严格监管，促进我国重要生态功能区经济、社会和环境的协调发展。

2. 基本原则

(1)统筹规划，分步实施。生态功能保护区建设是一个长期的系统工程，应统筹规划，分步实施，在明确重点生态功能保护区建设布局的基础上，分期分批开展，逐步推进，积极探索生态功能保护区建设多样化模式，建立符合我国国情的生态功能保护区格局体系。

(2)高度重视，精心组织。各级环保部门要将重点生态功能保护区的规划编制、相关配套政策的制定和研究、管理技术规范研究作为生态环境保护的重要内容。并通过与相关部门的协调和衔接，力争将生态功能保护区的建设纳入当地经济社会发展规划。

(3)保护优先，限制开发。生态功能保护区属于限制开发区，应坚持保护优先、限制开发、点状发展的原则，因地制宜地制定生态功能保护区的财政、产业、投资、人口和绩效考核等社会经济政策，强化生态环境保护执法监督，加强生态功能保护和恢复，引导资源环境可承载的特色产业发展，限制损害主导生态功能的产业扩张，走生态经济型的发展道路。

(4)避免重复，互为补充。生态功能保护区属于限制开发区，自然保护区、世界文化自然遗产、风景名胜区、森林公园等各类特别保护区域属于禁止开发区，生态功能保护区建设要考虑两者之间的协调与补充。在空间范围上，生态功能保护区不包含自然保护区、世界文化自然遗产、风景名胜区、森林公园、地质公园等特别保护区域；在建设内容上，避免重复，互相补充；在管理机制上，各类特别保护区域的隶属关系和管理方式不变。

3. 主要目标

以《中华人民共和国国民经济和社会发展第十一个五年规划纲要》明确的国家限制开发区为重点，合理布局国家重点生态功能保护区，建设一批水源涵养、水土保持、防风固沙、洪水调蓄、生物多样性维护生态功能保护区，形成较完善的生态功能保护区建设体系，建立较完备的生态功能保护区相关政策、法规、标准和技术规范体系，使我国重要生态功能区的生态恶化趋势得到遏制，主要生态功能得到有效恢复和完善，限制开发区有关政策得到有效落实。

4. 主要任务

重点生态功能保护区属于限制开发区，要在保护优先的前提下，合理选择发展方向，发展特色优势产业，加强生态环境保护和修复，加大生态环境监管力度，保护和恢复区域生态功能。

(1)合理引导产业发展。充分利用生态功能保护区的资源优势，合理选择发展方向，调整区域产业结构,发展有益于区域主导生态功能发挥的资源环境可承载的特色产业,限制不符合主导生态功能保护需要的产业发展,鼓励使用清洁能源。

①限制损害区域生态功能的产业扩张。根据生态功能保护区的资源禀赋、环境容量,合理确定区域产业发展方向,限制高污染、高能耗、高物耗产业的发展。要依法淘汰严重污染环境、严重破坏区域生态、严重浪费资源能源的产业,要依法关闭破坏资源、污染环境和损害生态系统功能的企业。

②发展资源环境可承载的特色产业。依据资源禀赋的差异,积极发展生态农业、生态林业、生态旅游业;在中药材资源丰富的地区,建设药材基地,推动生物资源的开发;在畜牧业为主的区域,建立稳定、优质、高产的人工饲草基地,推行舍饲圈养;在重要防风固沙区,合理发展沙产业;在蓄滞洪区,发展避洪经济;在海洋生态功能保护区,发展海洋生态养殖、生态旅游等海洋生态产业。

③推广清洁能源。积极推广沼气、风能、小水电、太阳能、地热能及其他清洁能源,解决农村能源需求,减少对自然生态系统的破坏。

(2)保护和恢复生态功能。遵循先急后缓、突出重点,保护优先、积极治理,因地制宜、因害设防的原则,结合已实施或规划实施的生态治理工程,加大区域自然生态系统的保护和恢复力度,恢复和维护区域生态功能。

①提高水源涵养能力。在水源涵养生态功能保护区内,结合已有的生态保护和建设重大工程,加强森林、草地和湿地的管护和恢复,严格监管矿产、水资源开发,严肃查处毁林、毁草、破坏湿地等行为,合理开发水电,提高区域水源涵养生态功能。

②恢复水土保持功能。在水土保持生态功能保护区内,实施水土流失的预防监督和水土保持生态修复工程,加强小流域综合治理,营造水土保持林,禁止毁林开荒、烧山开荒和陡坡地开垦,合理开发自然资源,保护和恢复自然生态系统,增强区域水土保持能力。

③增强防风固沙功能。在防风固沙生态功能保护区内,积极实施防沙治沙等生态治理工程,严禁过度放牧、樵采、开荒,合理利用水资源,保障生态用水,提高区域生态系统防沙固沙的能力。

④提高调洪蓄洪能力。在洪水调蓄生态功能保护区内,严禁围垦湖泊、湿地,积极实施退田还湖还湿工程,禁止在蓄滞洪区建设与行洪、泄洪无关的工程设施,巩固平垸行洪、退田还湿的成果,增强区内调洪蓄洪能力。

⑤增强生物多样性维护能力。在生物多样性维护生态功能保护区内,采取严格的保护措施,构建生态走廊,防止人为破坏,促进自然生态系统的恢复。对于生境遭受严重破坏的地区,采用生物措施和工程措施相结合的方式,积极恢复自然生境,建立野生动植物救护中心和繁育基地。禁止滥捕、乱采、乱猎等行为,加强外来入侵物种管理。

⑥保护重要海洋生态功能。在海洋生态功能保护区内,合理开发利用海洋资源,禁止过度捕捞,保护海洋珍稀濒危物种及其栖息地,防治海洋污染,开展海洋生态恢复,维护海洋生态系统的主要生态功能。

(3)强化生态环境监管。通过加强法律法规和监管能力建设,提高环境执法能力,避免边建设、边破坏;通过强化监测和科研,提高区内生态环境监测、预报、预警水平,及时准确掌握区内主导生态功能的动态变化情况,为生态功能保护区的建设和管理提供决策依据;通过强化宣传教育,增强区内广大群众对区域生态功能重要性的认识,自觉维护区域和流域生态安全。

①强化监督管理能力。健全完善相关法律法规，加大生态环境监察力度，抓紧制定生态功能保护区法规，建立生态功能保护区监管协调机制，制定不同类型生态功能保护区管理办法，发布禁止、限制发展的产业名录。加强生态功能保护区环境执法能力，组织相关部门开展联合执法检查。

②提高监测预警能力。开展生态功能保护区生态环境监测，制定生态环境质量评价与监测技术规范，建立生态功能保护区生态环境状况评价的定期通报制度。充分利用相关部门的生态环境监测资料，实现生态功能保护区生态环境监测信息共享，并建立重点生态功能保护区生态环境监测网络和管理信息系统，为生态功能保护区的管理和决策提供科学依据。

③增强宣传教育能力。结合各地已有的生态环境保护宣教基地，在生态功能保护区内建立生态教育警示基地，提高公众参与生态功能保护区建设的积极性。加强生态环境保护法规、知识和技术培训，提高生态功能保护区管理人员和技术人员的专业知识和技术水平。

④加强科研支撑能力。开展生态功能保护区建设与管理的理论和应用技术研究，揭示不同区域生态系统结构和生态服务功能作用机理及其演变规律。引导科研机构积极开展生态修复技术、生态监测技术等应用技术的研究。

七、全国生态脆弱区保护规划纲要

我国是世界上生态脆弱区分布面积最大、脆弱生态类型最多、生态脆弱性表现最明显的国家之一。我国的生态脆弱区大多位于生态过渡区和植被交错区，处于农牧、林牧、农林等复合交错带，是我国目前生态问题突出、经济相对落后和人民生活贫困地区，同时也是我国环境监管的薄弱地区。加强生态脆弱区保护，增强生态环境监管力度，促进生态脆弱区经济发展，有利于维护生态系统的完整性，实现人与自然的和谐发展，是贯彻落实科学发展观，牢固树立生态文明观念，促进经济社会又好又快发展的必然要求。

党中央、国务院高度重视生态脆弱区的保护，《国务院关于落实科学发展观加强环境保护的决定》明确指出在生态脆弱地区要实行限制开发。为此，"十一五"期间，环境保护部将通过实施"三区推进"(即自然保护区、重要生态功能保护区和生态脆弱区)的生态保护战略，为改善生态脆弱区生态环境提供政策保障。《全国生态脆弱区保护规划纲要》明确了生态脆弱区的地理分布、现状特征及其生态保护的指导思想、原则和任务，为恢复和重建生态脆弱区生态环境提供了科学依据。

1.指导思想

以邓小平理论和"三个代表"主要思想为指导，贯彻落实科学发展观，建设生态文明，以维护生态系统完整性，恢复和改善脆弱生态系统为目标，在坚持优先保护、限制开发、统筹规划、防治结合的前提下，通过适时监测、科学评估和预警服务，及时掌握脆弱区生态环境演变动态，因地制宜，合理选择发展方向，优化产业结构，力争在发展中解决生态环境问题。同时，强化法制监管，倡导生态文明，积极增进群众参与意识，全面恢复脆弱区生态系统。

2.基本原则

(1)预防为主，保护优先。建立健全脆弱区生态监测与预警体系，以科学监测、合理评估和预警服务为手段，强化"环境准入"，科学指导脆弱区生态保育与产业发展活动，促进脆弱区的生态恢复。

(2)分区推进，分类指导。按照区域生态特点，优化资源配置和生产力空间布局，以科技促保护,以保护促发展,维护生态脆弱区自然生态平衡。

(3)强化监管,适度开发。强化生态环境监管执法力度,坚持适度开发,积极引导资源环境可承载的特色产业发展,保护和恢复脆弱区生态系统,是维护区域生态系统完整性、实现生态环境质量明显改善和区域可持续发展的必由之路。

(4)统筹规划,分步实施。在明确区域分布、地理环境特点、重点生态问题和成因的基础上,制定相应的应对战略,分期分批开展,逐步推进,积极探索生态脆弱区保护的多样化模式,形成生态脆弱区保护格局。

3.规划目标

(1)总体目标。到2020年,在生态脆弱区建立起比较完善的生态保护与建设的政策保障体系、生态监测预警体系和资源开发监管执法体系;生态脆弱区40%以上适宜治理的土地得到不同程度治理,水土流失得到基本控制,退化生态系统基本得到恢复,生态环境质量总体良好;区域可更新资源不断增值,生物多样性保护水平稳步提高;生态产业成为脆弱区的主导产业,生态保护与产业发展有序、协调,区域经济、社会、生态复合系统结构基本合理,系统服务功能呈现持续、稳定态势;生态文明融入社会各个层面,民众参与生态保护的意识明显增强,人与自然基本和谐。

(2)阶段目标。

①近期(2009—2015年)目标。明确生态脆弱区空间分布、重要生态问题及其成因和压力,初步建立起有利于生态脆弱区保护和建设的政策法规体系、监测预警体系和长效监管机制;研究构建生态脆弱区产业准入机制,全面限制有损生态系统健康发展的产业扩张,防止因人为过度干扰所产生新的生态退化。到2015年,生态脆弱区战略环境影响评价执行率达到100%,新增治理面积达到30%以上;生态产业示范已在生态脆弱区全面开展。

②中远期(2016—2020年)目标。生态脆弱区生态退化趋势已得到基本遏制,人地矛盾得到有效缓减,生态系统基本处于健康、稳定发展状态。到2020年,生态脆弱区40%以上适宜治理的土地得到不同程度治理,退化生态系统已得到基本恢复,可更新资源不断增值,生态产业已基本成为区域经济发展的主导产业,并呈现持续、强劲的发展态势,区域生态环境已步入良性循环轨道。

4.规划主要任务

(1)总体任务。以维护区域生态系统完整性、保证生态过程连续性和改善生态系统服务功能为中心,优化产业布局,调整产业结构,全面限制有损于脆弱区生态环境的产业扩张,发展与当地资源环境承载力相适应的特色产业和环境友好产业,从源头控制生态退化;加强生态保育,增强脆弱区生态系统的抗干扰能力;建立健全脆弱区生态环境监测、评估及预警体系;强化资源开发监管和执法力度,促进脆弱区资源环境协调发展。

(2)具体任务。

①调整产业结构,促进脆弱区生态与经济的协调发展。根据生态脆弱区资源禀赋、自然环境特点及容量,调整产业结构,优化产业布局,重点发展与脆弱区资源环境相适宜的特色产业和环境友好产业。同时,按流域或区域编制生态脆弱区环境友好产业发展规划,严格限制有损于脆弱区生态环境的产业扩张;研究并探索有利于生态脆弱区经济发展与生态保育耦合模式,全面推行生态脆弱区产业发展规划战略环境影响评价制度。

②加强生态保育,促进生态脆弱区修复进程。在全面分析和研究不同类型生态脆弱区生

态环境脆弱性成因、机制、机理及演变规律的基础上，确立适宜的生态保育对策。通过技术集成、技术创新以及新成果、新工艺的应用，提高生态修复效果，保障脆弱区自然生态系统和人工生态系统的健康发展。同时，高度重视环境极度脆弱、生态退化严重、具有重要保护价值的地区如重要江河源头区、重大工程水土保持区、国家生态屏障区和重度水土流失区的生态应急工程建设与技术创新；密切关注具有明显退化趋势的潜在生态脆弱区环境演变动态的监测与评估，因地制宜，科学规划，采取不同保育措施，快速恢复脆弱区植被，增强脆弱区自身防护效果，全面遏制生态退化。

③加强生态监测与评估能力建设，构建脆弱区生态安全预警体系。在全国生态脆弱典型区建立长期定位生态监测站，全面构建全国生态脆弱区生态安全预警网络体系。同时，研究制定适宜不同生态脆弱区生态环境质量评估指标体系，科学监测和合理评估脆弱生态系统结构、功能和生态过程动态演变规律，建立脆弱区生态背景数据库资源共享平台，并利用网络视频和模型预测技术，实现脆弱区生态系统健康网络诊断与安全预警服务，为国家环境决策与管理提供技术支撑。

④强化资源开发监管执法力度，防止无序开发和过度开发。加强资源开发监管与执法力度，全面开展脆弱区生态环境监察工作，严格禁止超采、过牧、乱垦、滥挖以及非法采矿、无序修路等资源破坏行为发生；以生态脆弱区资源禀赋和生态环境承载力基线为基础，通过科学规划，确立适宜的资源开发模式与强度、可持续利用途径、资源开发监管办法以及资源开发过程中生态保护措施；研究制定生态脆弱区资源开发监管条例，编制适宜不同生态脆弱区资源开发生态恢复与重建技术标准及技术规范，积极推进脆弱区生态保育、系统恢复与重建进程。

八、全国主体功能区规划

2010 年 12 月 21 日，国务院印发《全国主体功能区规划》(国发[2010]46 号)。该规划是我国国土空间开发的战略性、基础性和约束性规划，并编制实施了《全国主体功能区规划》，这是深入贯彻落实科学发展观的重大战略举措，对于推进形成人口、经济和资源环境相协调的国土空间开发格局，加快转变经济发展方式，促进经济长期平稳较快发展和社会和谐稳定，实现全面建设小康社会目标和社会主义现代化建设长远目标，具有重要战略意义。

1. 主体功能区划分

规划将我国国土空间分为以下主体功能区：按开发方式，分为优化开发区域、重点开发区域、限制开发区域和禁止开发区域；按开发内容，分为城市化地区、农产品主产区和重点生态功能区；按层级，分为国家和省级两个层面。

优化开发区域、重点开发区域、限制开发区域和禁止开发区域，是基于不同区域的资源环境承载能力、现有开发强度和未来发展潜力，以是否适宜或如何进行大规模高强度工业化城镇化开发为基准划分的。

城市化地区、农产品主产区和重点生态功能区，是以提供主体产品的类型为基准划分的。城市化地区是以提供工业品和服务产品为主体功能的地区，也提供农产品和生态产品；农产品主产区是以提供农产品为主体功能的地区，也提供生态产品、服务产品和部分工业品；重点生态功能区是以提供生态产品为主体功能的地区，提供一定的农产品、服务产品和工业品。

优化开发区域是经济比较发达、人口比较密集、开发强度较高、资源环境问题更加突出，从而应该优化进行工业化城镇化开发的城市化地区。

重点开发区域是有一定经济基础、资源环境承载能力较强、发展潜力较大、集聚人口和经济的条件较好，从而应该重点进行工业化城镇化开发的城市化地区。优化开发和重点开发区域都属于城市化地区，开发内容总体上相同，开发强度和开发方式不同。

限制开发区域分为两类：一类是农产品主产区，即耕地较多、农业发展条件较好，尽管也适宜工业化城镇化开发，但从保障国家农产品安全以及中华民族永续发展的需要出发，必须把增强农业综合生产能力作为发展的首要任务，从而应该限制进行大规模高强度工业化城镇化开发的地区；一类是重点生态功能区，即生态系统脆弱或生态功能重要，资源环境承载能力较低，不具备大规模高强度工业化城镇化开发的条件，必须把增强生态产品生产能力作为首要任务，从而应该限制进行大规模高强度工业化城镇化开发的地区。

禁止开发区域是依法设立的各级各类自然文化资源保护区域，以及其他禁止进行工业化城镇化开发、需要特殊保护的重点生态功能区。国家层面禁止开发区域，包括国家级自然保护区、世界文化自然遗产、国家级风景名胜区、国家森林公园和国家地质公园。省级层面的禁止开发区域，包括省级及以下各级各类自然文化资源保护区域、重要水源地以及其他省级人民政府根据需要确定的禁止开发区域。

各类主体功能区，在全国经济社会发展中具有同等重要的地位，只是主体功能不同，开发方式不同，保护内容不同，发展首要任务不同，国家支持重点不同。对城市化地区主要支持其集聚人口和经济，对农产品主产区主要支持其增强农业综合生产能力，对重点生态功能区主要支持其保护和修复生态环境。

2.规划开发原则中关于保护自然的有关要求

要按照建设环境友好型社会的要求，根据国土空间的不同特点，以保护自然生态为前提、以水土资源承载能力和环境容量为基础进行有度有序开发，走人与自然和谐发展的道路。

(1)把保护水面、湿地、林地和草地放到与保护耕地同等重要位置。

(2)工业化城镇化开发必须建立在对所在区域资源环境承载能力综合评价的基础上，严格控制在水资源承载能力和环境容量允许的范围内。编制区域规划等应事先进行资源环境承载能力综合评价，并把保持一定比例的绿色生态空间作为规划的主要内容。

(3)在水资源严重短缺、生态脆弱、生态系统重要、环境容量小、地震和地质灾害等自然灾害危险性大的地区，要严格控制工业化城镇化开发，适度控制其他开发活动，缓解开发活动对自然生态的压力。

(4)严禁各类破坏生态环境的开发活动。能源和矿产资源开发，要尽可能不损害生态环境并应最大限度地修复原有生态环境。

(5)加强对河流原始生态的保护。实现从事后治理向事前保护转变，实行严格的水资源管理制度，明确水资源开发利用、水功能区限制纳污及用水效率控制指标。在保护河流生态的基础上有序开发水能资源。严格控制地下水超采，加强对超采的治理和对地下水源的涵养与保护。加强水土流失综合治理及预防监督。

(6)交通、输电等基础设施建设要尽量避免对重要自然景观和生态系统的分割，从严控制穿越禁止开发区域。

(7)农业开发要充分考虑对自然生态系统的影响，积极发挥农业的生态、景观和间隔功能。严禁有损自然生态系统的开荒以及侵占水面、湿地、林地、草地等农业开发活动。

(8)在确保省域内耕地和基本农田面积不减少的前提下，继续在适宜的地区实行退耕还林、退牧还草、退田还湖。在农业用水严重超出区域水资源承载能力的地区实行退耕还水。

(9)生态遭到破坏的地区要尽快偿还生态欠账。生态修复行为要有利于构建生态廊道和生态网络。

(10)保护天然草地、沼泽地、苇地、滩涂、冻土、冰川及永久积雪等自然空间。

3.推进全国主体功能区的主要目标

根据党的十七大关于到2020年基本形成主体功能区布局的总体要求，推进形成主体功能区的主要目标是：

(1)空间开发格局清晰。“两横三纵”为主体的城市化战略格局基本形成，全国主要城市化地区集中全国大部分人口和经济总量；“七区二十三带”为主体的农业战略格局基本形成，农产品供给安全得到切实保障；“两屏三带”为主体的生态安全战略格局基本形成，生态安全得到有效保障；海洋主体功能区战略格局基本形成，海洋资源开发、海洋经济发展和海洋环境保护取得明显成效。

(2)空间结构得到优化。全国陆地国土空间的开发强度控制在3.91%，城市空间控制在10.65万平方千米以内，农村居民点占地面积减少到16万平方千米以下，各类建设占用耕地新增面积控制在3万平方千米以内，工矿建设空间适度减少。耕地保有量不低于120.33万平方千米(18.05亿亩)，其中基本农田不低于104万平方千米(15.6亿亩)。绿色生态空间扩大，林地保有量增加到312万平方千米，草原面积占陆地国土空间面积的比例保持在40%以上，河流、湖泊、湿地面积有所增加。

(3)空间利用效率提高。单位面积城市空间创造的生产总值大幅度提高，城市建成区人口密度明显提高。粮食和棉油糖单产水平稳步提高。单位面积绿色生态空间蓄积的林木数量、产草量和涵养的水量明显增加。

(4)区域发展协调性增强。不同区域之间城镇居民人均可支配收入、农村居民人均纯收入和生活条件的差距缩小，扣除成本因素后的人均财政支出大体相当，基本公共服务均等化取得重大进展。

(5)可持续发展能力提升。生态系统稳定性明显增强，生态退化面积减少，主要污染物排放总量减少，环境质量明显改善。生物多样性得到切实保护，森林覆盖率提高到23%，森林蓄积量达到150亿立方米以上。草原植被覆盖度明显提高。主要江河湖库水功能区水质达标率提高到80%左右。自然灾害防御水平提升。应对气候变化能力明显增强。

4.国家层面优化开发区域的功能定位和发展方向

(1)功能定位。国家优化开发区域的功能定位是：提升国家竞争力的重要区域，带动全国经济社会发展的龙头，全国重要的创新区域，我国在更高层次上参与国际分工及有全球影响力的经济区、全国重要的人口和经济密集区。

(2)发展方向和开发原则。国家优化开发区域应率先加快转变经济发展方式，调整优化经济结构，提升参与全球分工与竞争的层次。发展方向和开发原则如下：

①优化空间结构。减少工矿建设空间和农村生活空间，适当扩大服务业、交通、城市居住、公共设施空间，扩大绿色生态空间。控制城市蔓延扩张、工业遍地开花和开发区过度分散。

②优化城镇布局。进一步健全城镇体系，促进城市集约紧凑发展，围绕区域中心城市明确各城市的功能定位和产业分工，推进城市间的功能互补和经济联系，提高区域的整体竞争力。

③优化人口分布。合理控制特大城市主城区的人口规模，增强周边地区和其他城市吸纳

外来人口的能力，引导人口均衡、集聚分布。

④优化产业结构。推动产业结构向高端、高效、高附加值转变，增强高新技术产业、现代服务业、先进制造业对经济增长的带动作用。发展都市型农业、节水农业和绿色有机农业；积极发展节能、节地、环保的先进制造业，大力发展拥有自主知识产权的高新技术产业，加快发展现代服务业，尽快形成服务经济为主的产业结构。积极发展科技含量和附加值高的海洋产业。

⑤优化发展方式。率先实现经济发展方式的根本性转变。研究与试验发展经费支出占地区生产总值比重明显高于全国平均水平。大力提高清洁能源比重，壮大循环经济规模，广泛应用低碳技术，大幅度降低二氧化碳排放强度，能源和水资源消耗以及污染物排放等标准达到或接近国际先进水平，全部实现垃圾无害化处理和污水达标排放。加强区域环境监管，建立健全区域污染联防联治机制。

⑥优化基础设施布局。优化交通、能源、水利、通信、环保、防灾等基础设施的布局和建设，提高基础设施的区域一体化和同城化程度。

⑦优化生态系统格局。把恢复生态、保护环境作为必须实现的约束性目标。严格控制开发强度，加大生态环境保护投入，加强环境治理和生态修复，净化水系、提高水质，切实严格保护耕地以及水面、湿地、林地、草地和文化自然遗产，保护好城市之间的绿色开敞空间，改善人居环境。

5.国家层面重点开发区域的功能定位和发展方向

(1)功能定位。国家重点开发区域的功能定位是：支撑全国经济增长的重要增长极，落实区域发展总体战略，促进区域协调发展的重要支撑点、全国重要的人口和经济密集区。

(2)发展方向和开发原则。重点开发区域应在优化结构、提高效益、降低消耗、保护环境的基础上推动经济可持续发展；推进新型工业化进程，提高自主创新能力，聚集创新要素，增强产业集聚能力，积极承接国际及国内优化开发区域产业转移，形成分工协作的现代产业体系；加快推进城镇化，壮大城市综合实力，改善人居环境，提高集聚人口的能力；发挥区位优势，加快沿边地区对外开放，加强国际通道和口岸建设，形成我国对外开放新的窗口和战略空间。国家层面重点开发区域的发展方向和开发原则如下：

①统筹规划国土空间。适度扩大先进制造业空间，扩大服务业、交通和城市居住等建设空间，减少农村生活空间，扩大绿色生态空间。

②健全城市规模结构。扩大城市规模，尽快形成辐射带动力强的中心城市，发展壮大其他城市，推动形成分工协作、优势互补、集约高效的城市群。

③促进人口加快集聚。完善城市基础设施和公共服务，进一步提高城市的人口承载能力，城市规划和建设应预留吸纳外来人口的空间。

④形成现代产业体系。增强农业发展能力，加强优质粮食生产基地建设，稳定粮食生产能力。发展新兴产业，运用高新技术改造传统产业，全面加快发展服务业，增强产业配套能力，促进产业集群发展。合理开发并有效保护能源和矿产资源，将资源优势转化为经济优势。

⑤提高发展质量。确保发展质量和效益，工业园区和开发区的规划建设应遵循循环经济的理念，大力提高清洁生产水平，减少主要污染物排放，降低资源消耗和二氧化碳排放强度。

⑥完善基础设施。统筹规划建设交通、能源、水利、通信、环保、防灾等基础设施，构建完善、高效、区域一体、城乡统筹的基础设施网络。

⑦保护生态环境。事先做好生态环境、基本农田等保护规划，减少工业化城镇化对生态环

境的影响,避免出现土地过多占用、水资源过度开发和生态环境压力过大等问题,努力提高环境质量。

⑧把握开发时序。区分近期、中期和远期,实施有序开发,近期重点建设好国家批准的各类开发区,对目前尚不需要开发的区域,应作为预留发展空间予以保护。

6.国家层面限制开发区域的功能定位和发展方向

(1)限制开发区域(农产品主产区)。国家层面限制开发的农产品主产区是指具备较好的农业生产条件,以提供农产品为主体功能,以提供生态产品、服务产品和工业品为其他功能,需要在国土空间开发中限制进行大规模高强度工业化城镇化开发,以保持并提高农产品生产能力的区域。

①功能定位。国家层面农产品主产区的功能定位是:保障农产品供给安全的重要区域,农村居民安居乐业的美好家园,社会主义新农村建设的示范区。

②发展方向和开发原则。农产品主产区应着力保护耕地,稳定粮食生产,发展现代农业,增强农业综合生产能力,增加农民收入,加快建设社会主义新农村,保障农产品供给,确保国家粮食安全和食物安全。国家层面农产品生产区的发展方向和开发原则如下:

加强土地整治,搞好规划、统筹安排、连片推进,加快中低产田改造,推进连片标准粮田建设。鼓励农民开展土壤改良。

加强水利设施建设,加快大中型灌区、排灌泵站配套改造以及水源工程建设。鼓励和支持农民开展小型农田水利设施建设、小流域综合治理。建设节水农业,推广节水灌溉,发展旱作农业。

优化农业生产布局和品种结构,搞好农业布局规划,科学确定不同区域农业发展重点,形成优势突出和特色鲜明的产业带。

国家支持农产品主产区加强农产品加工、流通、储运设施建设,引导农产品加工、流通、储运企业向主产区聚集。

粮食主产区要进一步提高生产能力,主销区和产销平衡区要稳定粮食自给水平。根据粮食产销格局变化,加大对粮食主产区的扶持力度,集中力量建设一批基础条件好、生产水平高、调出量大的粮食生产核心区。在保护生态前提下,开发资源有优势、增产有潜力的粮食生产后备区。

大力发展油料生产,鼓励发挥优势,发展棉花、糖料生产,着力提高品质和单产。转变养殖业发展方式,推进规模化和标准化,促进畜牧和水产品的稳定增产。

在复合产业带内,要处理好多种农产品协调发展的关系,根据不同产品的特点和相互影响,合理确定发展方向和发展途径。

控制农产品主产区开发强度,优化开发方式,发展循环农业,促进农业资源的永续利用。鼓励和支持农产品、畜产品、水产品加工副产物的综合利用。加强农业面源污染防治。

加强农业基础设施建设,改善农业生产条件。加快农业科技进步和创新,提高农业物质技术装备水平。强化农业防灾减灾能力建设。

积极推进农业的规模化、产业化,发展农产品深加工,拓展农村就业和增收空间。

以县城为重点推进城镇建设和非农产业发展,加强县城和乡镇公共服务设施建设,完善小城镇公共服务和居住功能。

农村居民点以及农村基础设施和公共服务设施的建设,要统筹考虑人口迁移等因素,适度集中、集约布局。

(2)限制开发区域(重点生态功能区)。国家层面限制开发的重点生态功能区是指生态系统十分重要,关系全国或较大范围区域的生态安全,目前生态系统有所退化,需要在国土空间开发中限制进行大规模高强度工业化城镇化开发,以保持并提高生态产品供给能力的区域。

①功能定位。国家重点生态功能区的功能定位是:保障国家生态安全的重要区域,人与自然和谐相处的示范区。经综合评价,国家重点生态功能区包括大小兴安岭森林生态功能区等25个地区。总面积约386万平方千米,占全国陆地国土面积的40.2%;2008年年底总人口约1.1亿人,占全国总人口的8.5%。国家重点生态功能区分为水源涵养型、水土保持型、防风固沙型和生物多样性维护型四种类型。

②发展方向。国家重点生态功能区要以保护和修复生态环境、提供生态产品为首要任务,因地制宜地发展不影响主体功能定位的适宜产业,引导超载人口逐步有序转移。

第一,水源涵养型。推进天然林草保护、退耕还林和围栏封育,治理水土流失,维护或重建湿地、森林、草原等生态系统。严格保护具有水源涵养功能的自然植被,禁止过度放牧、无序采矿、毁林开荒、开垦草原等行为。加强大江大河源头及上游地区的小流域治理和植树造林,减少面源污染。拓宽农民增收渠道,解决农民长远生计,巩固退耕还林、退牧还草成果。

第二,水土保持型。大力推行节水灌溉和雨水集蓄利用,发展旱作节水农业。限制陡坡垦殖和超载过牧。加强小流域综合治理,实行封山禁牧,恢复退化植被。加强对能源和矿产资源开发及建设项目的监管,加大矿山环境整治修复力度,最大限度地减少人为因素造成新的水土流失。拓宽农民增收渠道,解决农民长远生计,巩固水土流失治理、退耕还林、退牧还草成果。

第三,防风固沙型。转变畜牧业生产方式,实行禁牧休牧,推行舍饲圈养,以草定畜,严格控制载畜量。加大退耕还林、退牧还草力度,恢复草原植被。加强对内陆河流的规划和管理,保护沙区湿地,禁止发展高耗水工业。对主要沙尘源区、沙尘暴频发区实行封禁管理。

第四,生物多样性维护型。禁止对野生动植物进行滥捕滥采,保持并恢复野生动植物物种和种群的平衡,实现野生动植物资源的良性循环和永续利用。加强防御外来物种入侵的能力,防止外来有害物种对生态系统的侵害。保护自然生态系统与重要物种栖息地,防止生态建设导致栖息环境的改变。

③开发管制原则。对各类开发活动进行严格管制,尽可能减少对自然生态系统的干扰,不得损害生态系统的稳定和完整性。

开发矿产资源,发展适宜产业和建设基础设施,都要控制在尽可能小的空间范围之内,并做到天然草地、林地、水库水面、河流水面、湖泊水面等绿色生态空间面积不减少。控制新增公路、铁路建设规模,必须新建的,应事先规划好动物迁徙通道。在有条件的地区之间,要通过水系、绿带等构建生态廊道,避免形成"生态孤岛"。

严格控制开发强度,逐步减少农村居民点占用的空间,腾出更多的空间用于维系生态系统的良性循环。城镇建设与工业开发要依托现有资源环境承载能力相对较强的城镇集中布局、据点式开发,禁止成片蔓延式扩张。原则上不再新建各类开发区和扩大现有工业开发区的面积,已有的工业开发区要逐步改造成为低消耗、可循环、少排放、"零污染"的生态型工业区。

实行更加严格的产业准入环境标准,严把项目准入关。在不损害生态系统功能的前提下,因地制宜地适度发展旅游、农林牧产品生产和加工、观光休闲农业等产业,积极发展服务业,根据不同地区的情况,保持一定的经济增长速度和财政自给能力。

在现有城镇布局基础上进一步集约开发、集中建设，重点规划和建设资源环境承载能力相对较强的县城和中心镇，提高综合承载能力。引导一部分人口向城市化地区转移，一部分人口向区域内的县城和中心镇转移。生态移民点应尽量集中布局到县城和中心镇，避免新建孤立的村落式移民社区。

加强县城和中心镇的道路、供排水、垃圾污水处理等基础设施建设。在条件适宜的地区，积极推广沼气、风能、太阳能、地热能等清洁能源，努力解决农村特别是山区、高原、草原和海岛地区农村的能源需求。在有条件的地区建设一批节能环保的生态型社区。健全公共服务体系，改善教育、医疗、文化等设施条件，提高公共服务供给能力和水平。

7. 国家层面禁止开发区域的功能定位和管制原则

(1)功能定位。国家禁止开发区域的功能定位是：我国保护自然文化资源的重要区域，珍稀动植物基因资源保护地。

根据法律法规和有关方面的规定，国家禁止开发区域共1443处，总面积约120万平方千米，占全国陆地国土面积的12.5%。今后新设立的国家级自然保护区、世界文化自然遗产、国家级风景名胜区、国家森林公园、国家地质公园，自动进入国家禁止开发区域名录。

(2)管制原则。国家禁止开发区域要依据法律法规规定和相关规划实施强制性保护，严格控制人为因素对自然生态和文化自然遗产原真性、完整性的干扰，严禁不符合主体功能定位的各类开发活动，引导人口逐步有序转移，实现污染物"零排放"，提高环境质量。

①国家级自然保护区。要依据《中华人民共和国自然保护区条例》、本规划确定的原则和自然保护区规划进行管理。

按核心区、缓冲区和实验区分类管理。核心区，严禁任何生产建设活动；缓冲区，除必要的科学实验活动外，严禁其他任何生产建设活动；实验区，除必要的科学实验以及符合自然保护区规划的旅游、种植业和畜牧业等活动外，严禁其他生产建设活动。

按核心区、缓冲区、实验区的顺序，逐步转移自然保护区的人口。绝大多数自然保护区核心区应逐步实现无人居住，缓冲区和实验区也应较大幅度减少人口。

根据自然保护区的实际情况，实行异地转移和就地转移两种转移方式，一部分人口转移到自然保护区以外，一部分人口就地转为自然保护区管护人员。

在不影响自然保护区主体功能的前提下，对范围较大、目前核心区人口较多的，可以保持适量的人口规模和适度的农牧业活动，同时通过生活补助等途径，确保人民生活水平稳步提高。

交通、通信、电网等基础设施要慎重建设，能避则避，必须穿越的，要符合自然保护区规划，并进行保护区影响专题评价。新建公路、铁路和其他基础设施不得穿越自然保护区核心区，尽量避免穿越缓冲区。

②世界文化自然遗产。要依据《保护世界文化和自然遗产公约》、《实施世界遗产公约操作指南》、规划确定的原则和文化自然遗产规划进行管理。

加强对遗产原真性的保护，保持遗产在艺术、历史、社会和科学方面的特殊价值。加强对遗产完整性的保护，保持遗产未被人扰动过的原始状态。

③国家级风景名胜区。要依据《风景名胜区条例》、规划确定的原则和风景名胜区规划进行管理。

严格保护风景名胜区内一切景物和自然环境，不得破坏或随意改变。严格控制人工景观建设。禁止在风景名胜区从事与风景名胜资源无关的生产建设活动。建设旅游设施及其他基础设施等必须符合风景名胜区规划，逐步拆除违反规划建设的设施。

根据资源状况和环境容量对旅游规模进行有效控制，不得对景物、水体、植被及其他野生动植物资源等造成损害。

④国家森林公园。要依据《中华人民共和国森林法》、《中华人民共和国森林法实施条例》、《中华人民共和国野生植物保护条例》、《森林公园管理办法》、规划确定的原则和森林公园规划进行管理。

除必要的保护设施和附属设施外，禁止从事与资源保护无关的任何生产建设活动。

在森林公园内以及可能对森林公园造成影响的周边地区，禁止进行采石、取土、开矿、放牧以及非抚育和更新性采伐等活动。

建设旅游设施及其他基础设施等必须符合森林公园规划，逐步拆除违反规划建设的设施。

根据资源状况和环境容量对旅游规模进行有效控制，不得对森林及其他野生动植物资源等造成损害。

不得随意占用、征用和转让林地。

⑤国家地质公园。要依据《世界地质公园网络工作指南》、规划确定的原则和地质公园规划进行管理。

除必要的保护设施和附属设施外，禁止其他生产建设活动。

在地质公园及可能对地质公园造成影响的周边地区，禁止进行采石、取土、开矿、放牧、砍伐以及其他对保护对象有损害的活动。

未经管理机构批准，不得在地质公园范围内采集标本和化石。

➢九、废弃危险化学品污染环境防治办法

为了防治废弃化学品污染环境，2005 年 8 月，国家环境保护总局公布《废弃危险化学品污染环境防治办法》(国家环境保护总局令第 27 号)，其主要内容如下：

1. 废弃危险化学品的含义

《废弃危险化学品污染环境防治办法》中所称的废弃危险化学品，是指未经使用而被所有人抛弃或者放弃的危险化学品，淘汰、伪劣、过期、失效的危险化学品，由公安、海关、质检、工商、农业、安全监管、环保等主管部门在行政管理活动中依法收缴的危险化学品以及接收的公众上交的危险化学品。

废弃危险化学品属于危险废物，列入国家危险废物名录。

2. 适用范围

《废弃危险化学品污染环境防治办法》适用于中华人民共和国境内废弃危险化学品的产生、收集、运输、贮存、利用、处置活动污染环境的防治。

实验室产生的废弃试剂、药品污染环境的防治，也适用该办法。

盛装废弃危险化学品的容器和受废弃危险化学品污染的包装物，按照危险废物进行管理。

该办法未作规定的，适用有关法律、行政法规的规定。

3. 危险化学品的生产、储存、使用单位转产、停产、停业或者解散的环境保护有关规定

危险化学品的生产、储存、使用单位转产、停产、停业或者解散的，应当按照《危险化学品安全管理条例》有关规定对危险化学品的生产或者储存设备、库存产品及生产原料进行妥善处

置，并按照国家有关环境保护标准和规范，对厂区的土壤和地下水进行检测，编制环境风险评估报告，报县级以上环境保护部门备案。

对场地造成污染的，应当将环境恢复方案报经县级以上环境保护部门同意后，在环境保护部门规定的期限内对污染场地进行环境恢复。对污染场地完成环境恢复后，应当委托环境保护检测机构对恢复后的场地进行检测，并将检测报告报县级以上环境保护部门备案。

➢十、关于推进大气污染物联防联控工作改善区域空气质量的指导意见

近年来，我国一些地区酸雨、灰霾和光化学烟雾等区域性大气污染问题日益突出，严重威胁群众健康，影响环境安全。国内外的成功经验表明，解决区域大气污染问题，必须尽早采取区域联防联控措施。为进一步加大大气污染防治工作力度，国务院办公厅于 2010 年 5 月 11 日转发了环境保护部等部门《关于推进大气污染物联防联控工作改善区域空气质量的指导意见》(国办发[2010]33 号)，就推进区域大气污染联防联控，改善区域空气质量工作提出了要求。其主要内容如下：

1.指导思想、基本原则和工作目标

(1)指导思想。以科学发展观为指导，以改善空气质量为目的，以增强区域环境保护合力为主线，以全面削减大气污染物排放为手段，建立统一规划、统一监测、统一监管、统一评估、统一协调的区域大气污染联防联控工作机制，扎实做好大气污染防治工作。

(2)基本原则。坚持环境保护与经济发展相结合，促进区域环境与经济协调发展；坚持属地管理与区域联动相结合，提升区域大气污染防治整体水平；坚持先行先试与整体推进相结合，率先在重点区域取得突破。

(3)工作目标。到 2015 年，建立大气污染联防联控机制，形成区域大气环境管理的法规、标准和政策体系，主要大气污染物排放总量显著下降，重点企业全面达标排放，重点区域内所有城市空气质量达到或好于国家二级标准，酸雨、灰霾和光化学烟雾污染明显减少，区域空气质量大幅改善。

2.重点区域和防控重点

(1)重点区域。开展大气污染联防联控工作的重点区域是京津冀、长三角和珠三角地区；在辽宁中部、山东半岛、武汉及其周边、长株潭、成渝、台湾海峡西岸等区域，要积极推进大气污染联防联控工作；其他区域的大气污染联防联控工作，由有关地方人民政府根据实际情况组织开展。

(2)防控重点。大气污染联防联控的重点污染物是二氧化硫、氮氧化物、颗粒物、挥发性有机物等，重点行业是火电、钢铁、有色、石化、水泥、化工等，重点企业是对区域空气质量影响较大的企业，需解决的重点问题是酸雨、灰霾和光化学烟雾污染等。

3.加大重点污染物防治力度

(1)强化二氧化硫总量控制制度。提高火电机组脱硫效率，完善火电厂脱硫设施特许经营制度。加大钢铁、石化、有色等行业二氧化硫减排工作力度，推进工业锅炉脱硫工作。完善二氧化硫排污收费制度，制定区域二氧化硫总量减排目标。

(2)加强氮氧化物污染减排。建立氮氧化物排放总量控制制度。新建、扩建、改建火电厂应根据排放标准和建设项目环境影响报告书批复要求建设烟气脱硝设施，重点区域内的火电厂应在“十二五”期间全部安装脱硝设施，其他区域的火电厂应预留烟气脱硝设施空间。推广

工业锅炉低氮燃烧技术，重点开展钢铁、石化、化工等行业氮氧化物污染防治。

(3)加大颗粒物污染防治力度。使用工业锅炉的企业以及水泥厂、火电厂应采用袋式等高效除尘技术。强化施工工地环境管理，禁止使用袋装水泥和现场搅拌混凝土、砂浆，在施工场地应采取围挡、遮盖等防尘措施。加强道路清扫保洁工作，提高城市道路清洁度。实施"黄土不露天"工程，减少城区裸露地面。

(4)开展挥发性有机物污染防治。从事喷漆、石化、制鞋、印刷、电子、服装干洗等排放挥发性有机污染物的生产作业，应当按照有关技术规范进行污染治理。推进加油站油气污染治理，按期完成重点区域内现有油库、加油站和油罐车的油气回收改造工作，并确保达标运行；新增油库、加油站和油罐车应在安装油气回收系统后才能投入使用。严格控制城市餐饮服务业油烟排放。

第二节　产业政策

为使我国国民经济按照可持续发展战略的原则，在适应国内市场的需求和有利于开拓国际市场的条件下，改善投资结构，促进产业的技术进步，有利于节约资源和改善生态环境，促进经济结构的合理化，从而使各产业部门得以协调、有序、持续、快速、健康地发展，实现国家对经济的宏观调控而制定的有关政策，通称为产业政策。

各项产业政策是为适应某一特定时期某些要求而制定的政策。因此，随着时间的推移，国民经济的发展，科学技术的进步，新技术、新工艺、新产品的开发，以及环境保护的要求，国家将对有关产业政策予以废止、修订或新增。因此，在工作中应密切关注国家经济发展动向，注意有关产业政策的变化，以免发生差错。

一、产业结构调整的相关规定

为制止低水平重复建设，防止环境污染，加快结构调整步伐，促进生产工艺、装备和产品的升级换代。自1999年1月至2002年6月，经国务院批准，原国家经贸委前后公布了三批《淘汰落后生产能力、工艺和产品目录》，该目录涉及各行各业中违反国家法律法规、生产方式落后、产品质量低劣、环境污染严重、原材料和能源消耗高的落后生产能力、工艺和产品，给出了明确具体的内容和淘汰期限。

2005年12月2日，国务院颁布了《促进产业结构调整暂行规定》(国发[2005]40号)，该规定自发布之日起施行。原国家计委、国家经贸委发布的《当前国家重点鼓励发展的产业、产品和技术目录(2000年修订)》，原国家经贸委发布的《淘汰落后生产能力、工艺和产品的目录(第一批、第二批、第三批)》和《工商投资领域制止重复建设目录(第一批)》同时废止。

制定和实施《促进产业结构调整暂行规定》，是贯彻落实党的十六届五中全会精神，实现"十一五"规划目标的一项重要举措，对于全面落实科学发展观，加强和改善宏观调控，进一步转变经济增长方式，推进产业结构调整和优化升级，保持国民经济平稳较快发展具有重要意义。其主要内容如下：

1.促进产业结构调整暂行规定。

(1)产业结构调整的原则。

坚持市场调节和政府引导相结合。充分发挥市场配置资源的基础性作用，加强国有产业政策的合理引导，实现资源优化配置。

以自主创新提升产业技术水平。把增强自主创新能力作为调整产业结构的中心环节，建立以企业为主体、市场为导向、产学研相结合的技术创新体系，大力提高原始创新能力、集成创新能力和引进消化吸收再创新能力，提升产业整体技术水平。

坚持走新型工业化道路。以信息化带动工业化，以工业化促进信息化，走科技含量高、经济效益好、资源消耗低、环境污染少、安全有保障、人力资源优势得到充分发挥的发展道路，努力推进经济增长方式的根本转变。

促进产业协调健康发展。发展先进制造业，提高服务业比重和水平，加强基础设施建设，优化城乡区域产业结构和布局，优化对外贸易和利用外资结构，维护群众合法权益，努力扩大就业，推进经济社会协调发展。

(2)产业结构调整的方向和重点。

巩固和加强农业基础地位，加快传统农业向现代农业转变。加快农业科技进步，加强农业设施建设，调整农业生产结构，转变农业增长方式，提高农业综合生产能力。稳定发展粮食生产，加快实施优质粮食产业工程，建设大型商品粮生产基地，确保粮食安全。优化农业生产布局，推进农业产业化经营，加快农业标准化，促进农产品加工转化增值，发展高产、优质、高效、生态、安全农业。大力发展畜牧业，提高规模化、集约化、标准化水平，保护天然草场，建设饲料草场基地。积极发展水产业，保护和合理利用渔业资源，推广绿色渔业养殖方式，发展高效生态养殖业。因地制宜发展原料林、用材林基地，提高木材综合利用率。加强农田水利建设，改造中低产田，搞好土地整理。提高农业机械化水平，健全农业技术推广、农产品市场、农产品质量安全和动植物病虫害防控体系。积极推行节水灌溉，科学使用肥料、农药，促进农业可持续发展。

加强能源、交通、水利和信息等基础设施建设，增强对经济社会发展的保障能力。坚持节约优先、立足国内、煤为基础、多元发展，优化能源结构，构筑稳定、经济、清洁的能源供应体系。以大型高效机组为重点优化发展煤电，在生态保护基础上有序开发水电，积极发展核电，加强电网建设，优化电网结构，扩大西电东送规模。建设大型煤炭基地，调整改造中小煤矿，坚决淘汰不具备安全生产条件和浪费破坏资源的小煤矿，加快实施煤矸石、煤层气、矿井水等资源综合利用，鼓励煤电联营。实行油气并举，加大石油、天然气资源勘探和开发利用力度，扩大境外合作开发，加快油气领域基础设施建设。积极扶持和发展新能源和可再生能源产业，鼓励石油替代资源和清洁能源的开发利用，积极推进洁净煤技术产业化，加快发展风能、太阳能、生物质能等清洁能源。

以扩大网络为重点，形成便捷、通畅、高效、安全的综合交通运输体系。坚持统筹规划、合理布局，实现铁路、公路、水运、民航、管道等运输方式优势互补，相互衔接，发挥组合效率和整体优势。加快发展铁路、城市轨道交通，重点建设客运专线、运煤通道、区域通道和西部地区铁路。完善国道主干线、西部地区公路干线，建设国家高速公路网，大力推进农村公路建设。优先发展城市公共交通。加强集装箱、能源物资、矿石深水码头建设，发展内河航运。扩充大型机场，完善中型机场，增加小型机场，构建布局合理、规模适当、功能完备、协调发展的机场体系。加强管道运输建设。

加强水利建设，优化水资源配置。统筹上下游、地表地下水资源调配、控制地下水开采，积极开展海水淡化。加强防洪抗旱工程建设，以堤防加固和控制性水利枢纽等防洪体系为重点，强化防洪减灾薄弱环节建设，继续加强大江大河干流堤防、行蓄洪区、病险水库除险加固和城市防洪骨干工程建设，建设南水北调工程。加大人畜饮水工程和灌区配套工程建设改造力度。

加强宽带通信网、数字电视网和下一代互联网等信息基础设施建设，推进“三网融合”，健全信息安全保障体系。

以振兴装备制造业为重点发展先进制造业，发挥其对经济发展的重要支撑作用。装备制造业要依托重点建设工程，通过自主创新、引进技术、合作开发、联合制造等方式，提高重大技术装备国产化水平，特别是在高效清洁发电和输变电、大型石油化工、先进适用运输装备、高档数控机床、自动化控制、集成电路设备、先进动力装备、节能降耗装备等领域实现突破，提高研发设计、核心元器件配套、加工制造和系统集成的整体水平。

坚持以信息化带动工业化，鼓励运用高技术和先进适用技术改造提升制造业，提高自主知识产权、自主品牌和高端产品比重。根据能源、资源条件和环境容量，着力调整原材料工业的产品结构、企业组织结构和产业布局，提高产品质量和技术含量。支持发展冷乳薄板、冷乳硅钢片、高浓度磷肥、高效低毒低残留农药、乙烯、精细化工、高性能差别化纤维。促进炼油、乙烯、钢铁、水泥、造纸向基地化和大型化发展。加强铁、铜、铝等重要资源的地质勘察，增加资源地质储量，实行合理开采和综合利用。

加快发展高技术产业，进一步增强高技术产业对经济增长的带动作用。增强自主创新能力，努力掌握核心技术和关键技术，大力开发对经济社会发展具有重大带动作用的高新技术，支持开发重大产业技术，制定重要技术标准，构建自主创新的技术基础，加快高技术产业从加工装配为主向自主研发制造延伸。按照产业聚集、规模化发展和扩大国际合作的要求，大力发展信息、生物、新材料、新能源、航空航天等产业，培育更多新的经济增长点。优先发展信息产业，大力发展集成电路、软件等核心产业，重点培育数字化音视频、新一代移动通信、高性能计算机及网络设备等信息产业群，加强信息资源开发和共享，推进信息技术的普及和应用。充分发挥我国特有的资源优势和技术优势，重点发展生物农业、生物医药、生物能源和生物化工等生物产业。加快发展民用航空、航天产业，推进民用飞机、航空发动机及机载系统的开发和产业化，进一步发展民用航天技术和卫星技术。积极发展新材料产业，支持开发具有技术特色以及可发挥我国比较优势的光电子材料、高性能结构和新型特种功能材料等产品。

提高服务业比重，优化服务业结构，促进服务业全面快速发展。坚持市场化、产业化、社会化的方向，加强分类指导和有效监管，进一步创新、完善服务业发展的体制和机制，建立公开、平等、规范的行业准入制度。发展竞争力较强的大型服务企业集团，大城市要把发展服务业放在优先地位，有条件的要逐步形成服务经济为主的产业结构。增加服务品种，提高服务水平，增强就业能力，提升产业素质。大力发展金融、保险、物流、信息和法律服务、会计、知识产权、技术、设计、咨询服务等现代服务业，积极发展文化、旅游、社区服务等需求潜力大的产业，加快教育培训、养老服务、医疗保健等领域的改革和发展。规范和提升商贸、餐饮、住宿等传统服务业，推进连锁经营、特许经营、代理制、多式联运、电子商务等组织形式和服务方式。

大力发展循环经济，建设资源节约和环境友好型社会，实现经济增长与人口资源环境相协调。坚持开发与节约并重、节约优先的方针，按照减量化、再利用、资源化原则，大力推进节能、节水、节地、节材，加强资源综合利用，全面推行清洁生产，完善再生资源回收利用体系，形成低投入、低消耗、低排放和高效率的节约型增长方式。积极开发推广资源节约、替代和循环利用技术和产品，重点推进钢铁、有色、电力、石化、建筑、煤炭、建材、造纸等行业节能降耗技术改造，发展节能省地型建筑，对消耗高、污染重、危及安全生产、技术落后的工艺和产品实施强制淘汰制度，依法关闭破坏环境和不具备安全生产条件的企业。调整高耗能、高污染产业规模，降低高耗能、高污染产业比重。鼓励生产和使用节约性能好的各类消费品，形成节约资源的消费模式。大力发展环保产业，以控制不合理的资源开发为重点，强化对水资源、土地、森林、草原、海洋等的生态保护。

优化产业组织结构，调整区域产业布局。提高企业规模经济水平和产业集中度，加快大型企业发展，形成一批拥有自主知识产权、主业突出、核心竞争力强的大公司和企业集团。充分发挥中小企业的作用，推动中小企业与大企业形成分工协作关系，提高生产专业化水平，促进中小企业技术进步和产业升级。充分发挥比较优势，积极推动生产要素合理流动和配置，引导产业集群化发展。西部地区要加强基础设施建设和生态环境保护，健全公共服务，结合本地资源优势发展特色产业，增强自我发展能力。东北地区要加快产业结构调整和国有企业改革改组改造，发展现代农业，着力振兴装备制造业，促进资源枯竭型城市转型。中部地区要抓好粮食主产区建设，发展有比较优势的能源和制造业，加强基础设施建设，加快建立现代市场体系。东部地区要努力提高自主创新能力，加快实现结构优化升级和增长方式转变，提高外向型经济水平，增强国际竞争力和可持续发展能力。从区域发展的总体战略布局出发，根据资源环境承载能力和发展潜力，实行优化开发、重点开发、限制开发和禁止开发等有区别的区域产业布局。

实施互利共赢的开放战略，提高对外开放水平，促进国内产业结构升级。

加快转变对外贸易增长方式，扩大具有自主知识产权、自主品牌的商品出口，控制高能耗高污染产品的出口，鼓励进口先进技术设备和国内短缺资源。支持有条件的企业"走出去"，在国际市场竞争中发展壮大，带动国内产业发展。提高加工贸易的产业层次，增强国内配套能力。大力发展服务贸易，继续开放服务市场，有序承接国际现代服务业转移。提高利用外资的质量和水平，着重引进先进技术、管理经验和高素质人才，注重引进技术的消化吸收和创新提高。吸引外资能力较强的地区和开发区，要着重提高生产制造层次，并积极向研究开发、现代物流等领域拓展。

2.产业结构调整指导目录

《产业结构调整指导目录(2011 年本)》由鼓励、限制和淘汰三类目录组成。不属于鼓励类、限制类和淘汰类，且符合国家有关法律、法规和政策规定的，为允许类。允许类不列入《产业结构调整指导目录(2011 年本)》。

鼓励类主要是对经济社会发展有重要促进作用，有利于节约资源、保护环境、产业结构优化升级，需要采取政策措施予以鼓励和支持的关键技术、装备及产品。

限制类主要是工艺技术落后，不符合行业准入条件和有关规定，不利于产业结构优化升级，需要督促改造和禁止新建的生产能力、工艺技术、装备及产品。

淘汰类主要是不符合有关法律法规规定，严重浪费资源、污染环境、不具备安全生产条件，需要淘汰的落后工艺技术、装备及产品。

对属于限制类的新建项目，禁止投资。投资管理部门不予审批、核准或备案，各金融机构不得发放贷款，土地管理、城市规划和建设、环境保护、质检、消防、海关、工商等部门不得办理有关手续。凡违反规定进行投融资建设的，追究有关单位和人员的责任。

二、国务院关于加快推进产能过剩行业结构调整的通知

推进经济结构战略性调整，提升产业国际竞争力，是"十一五"时期重大而艰巨的任务。当前，部分行业盲目投资、低水平扩张导致生产能力过剩，已经成为经济运行的一个突出问题，如果不抓紧解决，将会进一步加剧产业结构不合理的矛盾，影响经济持续快速协调健康发展。为加快推进产能过剩行业的结构调整，2006 年 3 月 20 日国务院发布《国务院关于加快推进产能过剩行业结构调整的通知》(国发[2006]11 号)。其主要内容如下：

1.推进产能过剩行业结构调整的总体要求和原则

加快推进产能过剩行业结构调整的总体要求是：坚持以科学发展观为指导，依靠市场，因势利导，控制增能，优化结构，区别对待，扶优汰劣，力争迈出实质性步伐，经过几年努力取得明显成效。在具体工作中要注意把握好以下原则：

(1)充分发挥市场配置资源的基础性作用。坚持以市场为导向，利用市场约束和资源约束增强的"倒逼"机制，促进总量平衡和结构优化。调整和理顺资源产品价格关系，更好地发挥价格杠杆的调节作用，推动企业自主创新、主动调整结构。

(2)综合运用经济、法律手段和必要的行政手段。加强产业政策引导、信贷政策支持、财税政策调节，推动行业结构调整。提高并严格执行环保、安全、技术、土地和资源综合利用等市场准入标准，引导市场投资方向。完善并严格执行相关法律法规，规范企业和政府行为。

(3)坚持区别对待，促进扶优汰劣。根据不同行业、不同地区、不同企业的具体情况，分类指导、有保有压。坚持扶优与汰劣结合，升级改造与淘汰落后结合，兼并重组与关闭破产结合。合理利用和消化一些已经形成的生产能力，进一步优化企业结构和布局。

(4)健全持续推进结构调整的制度保障。把解决当前问题和长远问题结合起来，加快推进改革，消除制约结构调整的体制性、机制性障碍，有序推进产能过剩行业的结构调整，促进经济持续快速健康发展。

2.推进产能过剩行业结构调整的重点措施

推进产能过剩行业结构调整，关键是要发挥市场配置资源的基础性作用，充分利用市场的力量推动竞争，促进优胜劣汰。各级政府在结构调整中的作用，一方面是通过深化改革，规范市场秩序，为发挥市场机制作用创造条件；另一方面是综合运用经济、法律和必要的行政手段，加强引导，积极推动。2006 年，要通过重组、改造、淘汰等方法，推动产能过剩行业加快结构调整步伐。

(1)切实防止固定资产投资反弹。这是顺利推进产能过剩行业结构调整的重要前提。一旦投资重新膨胀，落后产能将死灰复燃，总量过剩和结构不合理矛盾不但不能解决，而且会越来越突出。要继续贯彻中央关于宏观调控的政策，严把土地、信贷两个闸门，严格控制固定资产投资规模，为推进产能过剩行业结构调整创造必要的前提条件和良好的环境。

(2)严格控制新上项目。根据有关法律法规，制定更加严格的环境、安全、能耗、水耗、资源综合利用和质量、技术、规模等标准，提高准入门槛。对在建和拟建项目区别情况，继续进行清理整顿；对不符合国家有关规划、产业政策、供地政策、环境保护、安全生产等市场准入条件的项目，依法停止建设；对拒不执行的，要采取经济、法律和必要的行政手段，并追究有关人员责任。原则上不批准建设新的钢厂，对个别结合搬迁、淘汰落后生产能力的钢厂项目，要从严审批。提高煤炭开采的井型标准，明确必须达到的回采率和安全生产条件。所有新建汽车整车

生产企业和现有企业跨产品类别的生产投资项目，除满足产业政策要求外，还要满足自主品牌、自主开发产品的条件；现有企业异地建厂，还必须满足产销量达到批准 80%以上的要求。提高利用外资质量，禁止技术和安全水平低、能耗物耗高、污染严重的外资项目进入。

(3)淘汰落后生产能力。依法关闭一批破坏资源、污染环境和不具备安全生产条件的小企业，分期分批淘汰一批落后生产能力，对淘汰的生产设备进行废毁处理。逐步淘汰立窑等落后的水泥生产能力；关闭淘汰敞开式和生产能力低于 1 万吨的小电石炉；尽快淘汰 5000 千伏以下铁合金矿热炉(特种铁合金除外)、100 立方米以下铁合金高炉；淘汰 300 立方米以下炼铁高炉和 20t 以下炼钢转炉、电炉；彻底淘汰土焦和改良焦设施；逐步关停小油机和 5 万千瓦及以下凝汽式燃煤小机组；淘汰达不到产业政策规定规模和安全标准的小煤矿。

(4)推进技术改造。支持符合产业政策和技术水平高、对产业升级有重大作用的大型企业技术改造项目。围绕提升技术水平、改善品种、保护环境、保障安全、降低消耗、综合利用等，对传统产业实施改造提高。推进火电机组以大代小、上煤压油等工程。支持汽车生产企业加强研发体系建设，在消化引进技术的基础上，开发具有自主知识产权的技术。支持纺织关键技术、成套设备的研发和产业集群公共创新平台、服装自主品牌的建设。支持大型钢铁集团的重大技改和新产品项目，加快开发取向冷轧硅钢片技术，提升汽车板生产水平，推进大型冷、热连轧机组国产化。支持高产高效煤炭矿井建设和煤矿安全技术改造。

(5)促进兼并重组。按照市场原则，鼓励有实力的大型企业集团，以资产、资源、品牌和市场为纽带实施跨地区、跨行业的兼并重组，促进产业的集中化、大型化、基地化。推动优势大型钢铁企业与区域内其他钢铁企业的联合重组，形成若干年产 3000 万吨以上的钢铁企业集团。鼓励大型水泥企业集团对中小水泥厂实施兼并、重组、联合，增强在区域市场上的影响力。突破现有焦化企业的生产经营格局，实施与钢铁企业、化工企业的兼并联合，向生产与使用一体化、经营规模化、产品多样化、资源利用综合化方向发展。支持大型煤炭企业收购、兼并、重组和改造一批小煤矿，实现资源整合，提高回采率和安全生产水平。

(6)加强信贷、土地、建设、环保、安全等政策与产业政策的协调配合。认真贯彻落实《国务院关于发布实施〈促进产业结构调整暂行规定〉的决定》(国发[2005]40 号)，抓紧细化各项政策措施。对已经出台的钢铁、电解铝、煤炭、汽车等行业发展规划和产业政策，要强化落实，加强检查，在实践中不断完善。对尚未出台的行业发展规划和产业政策，要抓紧制定和完善，尽快出台。金融机构和国土资源、环保、安全监管等部门要严格依据国家宏观调控和产业政策的要求，优化信贷和土地供应结构，支持符合国家产业政策、市场准入条件的项目和企业的土地、信贷供应，同时要防止信贷投放大起大落，积极支持市场前景好、有效益、有助于形成规模经济的兼并重组；对不符合国家产业政策、供地政策、市场准入条件、国家明令淘汰的项目和企业，不得提供贷款和土地，城市规划、建设、环保和安全监管部门不得办理相关手续。坚决制止用压低土地价格、降低环保和安全标准等办法招商引资、盲目上项目。完善限制高耗能、高污染、资源性产品出口的政策措施。

(7)深化行政管理和投资体制、价格形成和市场退出机制等方面的改革。按照建设社会主义市场经济体制的要求，继续推进行政管理体制和投资体制改革，切实实行政企分开，完善和严格执行企业投资的核准和备案制度，真正做到投资由企业自主决策、自担风险，银行独立审贷；积极稳妥地推进资源性产品价格改革，健全反映市场供求状况、资源稀缺程度的价格形成机制，建立和完善生态补偿责任机制；建立健全落后企业退出机制，在人员安置、土地使用、资产处置以及保障职工权益等方面，制定出台有利于促进企业兼并重组和退出市场，有利于维护职工合法权益的改革政策；加快建立健全维护市场公平竞争的法律法规体系，打破地区封锁和地方保护。

(8)健全行业信息发布制度。有关部门要完善统计、监测制度，做好对产能过剩行业运行动态的跟踪分析。要尽快建立判断产能过剩衡量指标和数据采集系统，并有计划、分步骤建立定期向社会披露相关信息的制度，引导市场投资预期。加强对行业发展的信息引导，发挥行业协会的作用，搞好市场调研，适时发布产品供求、现有产能、在建规模、发展趋势、原材料供应、价格变化等方面的信息。同时，还要密切关注其他行业生产、投资和市场供求形势的发展变化，及时发现和解决带有苗头性、倾向性的问题，防止其他行业出现产能严重过剩。

三、关于抑制部分行业产能过剩和重复建设引导产业健康发展若干意见

为切实将党中央、国务院应对国际金融危机的一揽子计划落到实处，巩固和发展当前经济企稳向好的势头，加快推动结构调整，坚决抑制部分行业的产能过剩和重复建设，引导新兴产业有序发展，2009 年 9 月国务院批转了发展改革委、工业和信息化部、监察部、财政部、国土资源部、环境保护部、人民银行、质检总局、银监会、证监会十部门《关于抑制部分行业产能过剩和重复建设引导产业健康发展的若干意见》，其主要内容如下：

部分行业产能过剩和重复建设问题需引起高度重视，为应对国际金融危机的冲击和影响，党中央、国务院审时度势，及时制定和实施了扩大内需、促进经济增长的一揽子计划。按照“保增长、扩内需、调结构”的总体要求，出台了钢铁等十个重点产业调整和振兴规划，在推动结构调整方面提出了控制总量、淘汰落后、兼并重组、技术改造、自主创新等一系列对策措施，各地也相继出台了一些扶持产业发展的政策措施。目前政策效应已初步显现，工业增速稳中趋升，企业生产经营困难情况有所缓解，产业发展总体向好。

但从当前产业发展状况看，结构调整虽取得一定进展，但总体进展不快，各地区、各行业也不平衡。不少领域产能过剩、重复建设问题仍很突出，有的甚至还在加剧。特别需要关注的是，不仅钢铁、水泥等产能过剩的传统产业仍在盲目扩张，风电设备、多晶硅等新兴产业也出现了重复建设倾向，一些地区违法、违规审批，未批先建、边批边建现象又有所抬头。

此外，电解铝、造船、大豆压榨等行业产能过剩矛盾也十分突出，一些地区和企业还在规划新上项目。目前，全球范围内电解铝供过于求，我国电解铝产能为 1800 万吨，占全球 42.9%，产能利用率仅为 73.2%；我国造船能力为 6600 万载重吨，占全球的 36%，而 2008 年国内消费量仅为 1000 万载重吨左右，70%以上产量靠出口；大型锻件存在着产能过剩的隐忧；化肥行业氮肥和磷肥自给有余，钾肥严重短缺，产业结构亟待进一步优化。

四、正确把握抑制产能过剩和重复建设的政策导向

当前，我国经济正处于企稳回升的关键时期，必须认真贯彻落实科学发展观，进一步统一思想，增强忧患意识，在保增长中更加注重推进结构调整，将坚决抑制部分行业产能过剩和重复建设作为结构调整的重点工作抓紧、抓实，抓出成效。抑制产能过剩和重复建设所涉及的行业具有很强的市场性和全球资源配置特点，既要充分发挥市场机制的作用，又要辅之必要的调控措施，并注意把握好以下原则和产业政策导向：

1. 主要原则

一是控制增量和优化存量相结合。严格控制产能过剩行业盲目扩张和重复建设，推进企业兼并重组和联合重组，加快淘汰落后产能；结合实施"走出去"战略，支持有条件的企业转移产能，形成参与国际产业竞争的新格局；依靠技术进步，优化存量，调整产品结构，谋求有效益、有质量、可持续的发展。

二是分类指导和有保有压相结合。对钢铁、水泥等高耗能、高污染产业，要坚决控制总量、抑制产能过剩；鼓励发展高技术、高附加值、低消耗、低排放的新工艺和新产品，延长产业链，形成新的增长点。对多晶硅、风电设备等新兴产业，要集中有效资源，支持企业提高关键环节和关键部件自主创新能力，积极开展产业化示范，防止投资过热和重复建设，引导有序发展。

三是培育新兴产业和提升传统产业相结合。立足于新一轮国际竞争和可持续发展的需要，尽快培育一批科技含量高、发展潜力大、带动作用强的新兴产业，及时制定出台专项产业政策和规划，明确技术装备路线，建立和完善准入标准；抓紧改造提升传统产业，及时修订产业政策，提高准入标准，对结构调整给予明确产业政策引导。

四是市场引导和宏观调控相结合。加强行业产销形势的监测、分析和国内外市场需求的信息发布，发挥市场配置资源的基础性作用；综合运用法律、经济、技术、标准以及必要的行政手段，协调产业、环保、土地和金融政策，形成抑制产能过剩引导产业健康发展的合力；同时，坚持深化改革，标本兼治，通过体制机制创新解决重复建设的深层次矛盾。

2. 产业政策导向

(1)钢铁：充分利用当前市场倒逼机制，在减少或不增加产能的前提下，通过淘汰落后、联合重组和城市钢厂搬迁，加快结构调整和技术进步，推动钢铁工业实现由大到强的转变。不再核准和支持单纯新建、扩建产能的钢铁项目。严禁各地借等量淘汰落后产能之名，避开国家环保、土地和投资主管部门的监管、审批，自行建设钢铁项目。重点支持有条件的大型钢铁企业发展百万千瓦火电及核电用特厚板和高压锅炉管、25 万千伏以上变压器用高磁感低铁损取向硅钢、高档工模具钢等关键品种。尽快完善建筑用钢标准及设计规范，加快淘汰强度 335MPa 以下热轧带肋钢筋，推广强度 400MPa 及以上钢筋，促进建筑钢材升级换代。2011 年年底前，坚决淘汰 400 立方米及以下高炉、30 吨及以下转炉和电炉，碳钢企业吨钢综合能耗应低于 620kg 标准煤，吨钢耗用新水量低于 5 吨，吨钢烟粉尘排放量低于 1.0kg，吨钢二氧化硫排放量低于 1.8kg，二次能源基本实现 100%回收利用。

(2)水泥：严格控制新增水泥产能，执行等量淘汰落后产能的原则，对 2009 年 9 月 30 日前尚未开工水泥项目一律暂停建设并进行一次认真清理，对不符合上述原则的项目严禁开工建设。各省(区、市)必须尽快制定三年内彻底淘汰落后产能时间表。支持企业在现有生产线上进行余热发电、粉磨系统节能改造和处置工业废弃物、城市污泥及垃圾等。新项目水泥熟料烧成热耗要低于 105kg 标煤/t 熟料，水泥综合电耗小于 90kW・h/t 水泥；石灰石储量服务年限必须满足 30 年以上；废气粉尘排放浓度小于 50mg/标准 m^3。落后水泥产能比较多的省份，要加大对企业联合重组的支持力度，通过等量置换落后产能建设新线，推动淘汰落后工作。

(3)平板玻璃：严格控制新增平板玻璃产能，遵循调整结构、淘汰落后、市场导向、合理布局的原则，发展高档用途及深加工玻璃。对现有在建项目和未开工项目进行认真清理，对所有拟建的玻璃项目，各地方一律不得备案。各省(区、市)要制定三年内彻底淘汰"平拉法"(含格法)落后平板玻璃产能时间表。新项目能源消耗应低于 16.5kg 标煤/重箱；硅质原料的选矿回收率要达到80%以上;严格环保治理措施,二氧化硫排放低于500mg/标准 m^3、氮氧化物排放低于700mg/标准 m^3、颗粒物排放浓度低于50mg/标准 m^3。鼓励企业联合重组,在符合规划的前提下,支持大企业集团发展电子平板显示玻璃、光伏太阳能玻璃、低辐射镀膜等技术含量高的玻璃以及优质浮法玻璃项目。

(4)煤化工:要严格执行煤化工产业政策,遏制传统煤化工盲目发展,今后三年停止审批单纯扩大产能的焦炭、电石项目。禁止建设不符合《焦化行业准入条件(2008年修订)》和《电石行业准入条件(2007年修订)》的焦化、电石项目。综合运用节能环保等标准提高准入门槛,加强清洁生产审核,实施差别电价等手段,加快淘汰落后产能。对焦炭和电石实施等量替代方式,淘汰不符合准入条件的落后产能。对合成氨和甲醇实施上大压小、产能置换等方式,降低成本、提高竞争力。稳步开展现代煤化工示范工程建设,今后三年原则上不再安排新的现代煤化工试点项目。

(5)多晶硅:研究扩大光伏市场国内消费的政策,支持用国内多晶硅原料生产的太阳能电池以满足国内需求为主,兼顾国际市场。严格控制在能源短缺、电价较高的地区新建多晶硅项目,对缺乏配套综合利用、环保不达标的多晶硅项目不予核准或备案;鼓励多晶硅生产企业与下游太阳能电池生产企业加强联合与合作,延伸产业链。新建多晶硅项目规模必须大于3000t/a,占地面积小于6 hm^2/kt多晶硅,太阳能级多晶硅还原电耗小于60kW·h/kg,还原尾气中四氯化硅、氯化氢、氢气回收利用率不低于98.5%、99%、99%;引导、支持多晶硅企业以多种方式实现多晶硅—电厂—化工联营,支持节能环保太阳能级多晶硅技术开发,降低生产成本。

(6)风电设备:抓住大力发展风电等可再生能源的历史机遇,把我国的风电装备制造业培育成具有自主创新能力和国际竞争力的新兴产业。严格控制风电装备产能盲目扩张,鼓励优势企业做大做强,优化产业结构,维护市场秩序。原则上不再核准或备案建设新的整机制造厂;严禁风电项目招标中设立要求投资者使用本地风电装备、在当地投资建设风电装备制造项目的条款;建立和完善风电装备标准、产品检测和认证体系,禁止落后技术产品和非准入企业产品进入市场。依托优势企业和科研院所,加强风电技术路线和海上风电技术研究,重点支持自主研发2.5MW及以上风电整机和轴承、控制系统等关键零部件及产业化示范,完善质量控制体系。积极推进风电装备产业大型化、国际化,培育具有国际竞争力的风电装备制造业。

此外,严格执行国家产业政策,今后三年原则上不再核准新建、扩建电解铝项目。现有重点骨干电解铝厂吨铝直流电耗要下降到12500kW·h以下,吨铝外排氟化物量大幅减少,直至淘汰落后小预焙槽电解铝产能80万升要严格执行船舶工业调整和振兴规划及船舶工业中长期发展规划,今后三年各级土地、海洋、环保、金融等相关部门不再受理新建船坞、船台项目的申请,暂停审批现有造船企业船坞、船台的扩建项目,要优化存量,引导企业利用现有造船设施发展海洋工程装备。

五、坚决抑制产能过剩和重复建设的环境监管措施

推进开展区域产业规划的环境影响评价。区域内的钢铁、水泥、平板玻璃、传统煤化工、多晶硅等高耗能、高污染项目环境影响评价文件必须在产业规划环评通过后才能受理和审批。未通过环境评价审批的项目一律不准开工建设。环保部门要切实负起监管责任,定期发布环保不达标的生产企业名单。对使用有毒、有害原料进行生产或者在生产中排放有毒、有害物质

的企业限期完成清洁生产审核，对达不到排放标准或超过排污总量指标的生产企业实行限期治理，未完成限期治理任务的，依法予以关闭。对主要污染物排放超总量控制指标的地区，要暂停增加主要污染物排放项目的环评审批。

此外，《关于抑制部分行业产能过剩和重复建设引导产业健康发展若干意见》中还提出了严格市场准入、依法依规供地用地、实行有保有控的金融政策、严格项目审批管理、做好企业兼并重组工作、建立信息发布制度、实行问责制、深化体制改革等一系列抑制产能过剩和重复建设的对策措施。

六、环境保护部《关于贯彻落实抑制部分行业产能过剩和重复建设引导产业健康发展的通知》

为认真贯彻落实《国务院批转发展改革委等部门关于抑制部分行业产能过剩和重复建设引导产业健康发展若干意见的通知》(国发[2009]38 号)精神，强化产能过剩、重复建设行业的环境监管，环境保护部 2009 年 10 月 31 日印发了《关于贯彻落实抑制部分行业产能过剩和重复建设引导产业健康发展的通知》(环发[2009]127 号)，其内容摘要如下：

1. 提高环保准入门槛，严格建设项目环评管理

(1)提高环保准入门槛。制定和完善环境保护标准体系，严格执行污染物排放标准、清洁生产标准和其他环境保护标准，严格控制物耗能耗高的项目准入。严格产能过剩、重复建设行业企业的上市环保核查，建立并完善上市企业环保后督察制度，提高总量控制要求。进一步细化产能过剩、重复建设行业的环保政策和环评审批要求。

(2)加强区域产业规划环评。认真贯彻执行《规划环境影响评价条例》(国务院第 559 号令)，做好本区域的产业规划环评工作，以区域资源承载力、环境容量为基础，以节能减排、淘汰落后产能为目标，从源头上优化产能过剩、重复建设行业建设项目的规模、布局以及结构。未开展区域产业规划环评、规划环评未通过审查的、规划发生重大调整或者修编而未经重新或者补充环境影响评价和审查的，一律不予受理和审批区域内上述行业建设项目环评文件。

(3)严格建设项目环评审批。严格遵守环评审批中“四个不批，三个严格”的要求。原则上不得受理和审批扩大产能的钢铁、水泥、平板玻璃、多晶硅、煤化工等产能过剩、重复建设项目的环评文件。在国家投资项目核准目录出台之前，确有必要建设的淘汰落后产能、节能减排的项目环评文件，需报我部审批。未完成主要污染物排放总量减排任务的地区，一律不予受理和审批新增排放总量的上述行业建设项目环评文件。

2. 加强环境监管，严格落实环境保护“三同时”制度

(1)清查突出环境问题并责令整改。2009 年年底前，开展期间审批的钢铁、水泥、平板玻璃、多晶硅、煤化工、石油化工、有色冶金等行业建设项目环评的清查，重点调查环境影响评价、施工期环境监理、环保“三同时”验收、日常环境监管等方面情况，对突出环境问题责令整改。

(2)强化项目建设过程环境监管。加强建设项目施工期日常监管和现场执法，督促建设单位落实环评批复的各项环保措施，开展工程环境监理，确保建设项目环境保护“三同时”制度落到实处。

(3)加强建设项目竣工环保验收工作。加强对申请试生产项目环保设施和措施落实情况的现场检查。对环境保护“三同时”制度落实不到位的项目，责令限期整改。

➢七、外商投资产业指导目录

2011年12月，国家发展和改革委员会、商务部联合发布了《外商投资产业指导目录(2011年修订)》，目录分为鼓励外商投资产业目录、限制外商投资产业目录和禁止外商投资产业目录。其中，禁止外商投资产业目录主要包括以下内容：

1.农、林、牧、渔业

(1)我国稀有和特有的珍贵优良品种的研发、养殖、种植以及相关繁殖材料的生产(包括种植业、畜牧业、水产业的优良基因)。

(2)转基因生物研发和转基因农作物种子、种畜禽、水产苗种生产。

(3)我国管辖海域及内陆水域水产品捕捞。

2.矿业

(1)钨、钼、锡、锑、萤石勘查、开采。

(2)稀土勘查、开采、选矿。

(3)放射性矿产的勘查、开采、选矿。

3.制造业

(1)饮料制造业：我国传统工艺的绿茶及特种茶加工(名茶、黑茶等)。

(2)医药制造业：列入《野生药材资源保护条例》和《中国珍稀、濒危保护植物名录》的中药材加工；中药饮片的蒸、炒、灸、煅等炮制技术的应用及中成药保密处方产品的生产。

(3)有色金属冶炼及压延加工业：放射性矿产的冶炼、加工。

(4)专用设备制造业：武器弹药制造。

(5)电气机械及器材制造业：开口式(即酸雾直接外排式)铅酸电池、含汞扣式氧化银电池、含汞扣式碱性锌锰电池、糊式锌锰电池、镉镍电池制造。

(6)工业品及其他制造业：象牙雕刻；虎骨加工；脱胎漆器生产；珐琅制品生产；宣纸、墨锭生产；致癌、致畸、致突变产品和持久性有机污染物产品生产。

4.电力、煤气及水的生产和供应业

小电网外，单机容量30万千瓦及以下燃煤凝汽火电站、单机容量10万千瓦及以下燃煤凝汽抽汽两用热电联产电站的建设、经营。

5.交通运输、仓储和邮政业

(1)空中交通管制公司。

(2)邮政公司、信件的国内快递业务。

(3)租赁和商务服务业，

(4)社会调查。

6.科学研究、技术服务和地质勘查业

(1)人体干细胞、基因诊断与治疗技术开发和应用。

(2)大地测量、海洋测绘、测绘航空摄影、行政区域界线测绘、地形图和普通地图编制、导航电子地图编制。

7.水利、环境和公共设施管理业

(1)自然保护区和国际重要湿地的建设、经营。

(2)国家保护的原产于我国的野生动、植物资源开发。

8.教育

义务教育机构,军事、警察、政治和党校等特殊领域教育机构。

9.文化、体育和娱乐业

(1)新闻机构。

(2)图书、报纸、期刊的出版业务。

(3)音像制品和电子出版物的出版、制作业务。

(4)各级广播电台(站)、电视台(站)、广播电视频道(率)、广播电视传输覆盖网(发射台、转播台、广播电视卫星、卫星上行站、卫星收转站、微波站、监测台、有线广播电视传输覆盖网)。

(5)广播电视节目制作经营公司。

(6)电影制作公司、发行公司、院线公司。

(7)新闻网站、网络视听节目服务、互联网上网服务营业场所、互联网文化经营(音乐除外)。

(8)高尔夫球场、别墅的建设、经营。

(9)博彩业(含赌博类跑马场)。

(10)色情业。

(11)其他行业。

(12)危害军事设施安全和使用效能的项目

10.国家和我国缔结或者参加的国际条约规定禁止的其他产业

八、国家危险废物名录

《国家危险废物名录》于2008年6月6日由环境保护部、国家发展改革委员会公布,自2008年8月1日起施行。1998年1月4日原国家环境保护局、国家经济贸易委员会、对外贸易经济合作部、公安部发布的《国家危险废物名录》(环发[1998]89号)同时废止。

1.列入名录的危险废物类别

《国家危险废物名录》共列入49类危险废物,包括:医疗废物,医药废物,废药物、药品,农药废物,木材防腐剂废物,有机溶剂废物,热处理含氰废物,废矿物油,油/水、烃/水混合物或乳化液,多氯(溴)联苯类废物,精(蒸)馏残渣,染料、涂料废物,有机树脂类废物,新化学药品废物,爆炸性废物,感光材料废物,表面处理废物,焚烧处置残渣,含金属羰基化合物废物,含铍废物,含铬废物,含铜废物,含锌废物,含砷废物,含硒废物,含镉废物,含锑废物,含碲废物,含汞废物,含铊废物,含铅废物,无机氟化物废物,无机氰化物废物,废酸,废碱,石棉废物,有机磷化合物废物,有机氰化物废物,含酚废物,含醚废物,废卤化有机溶剂,废有机溶剂,含多氯苯并呋喃类废物,含多氯苯并二口恶英废物,含有机卤化物废物,含镍废物,含钡废物,有色金属冶炼废物,其他废物。

2.列入名录危险废物范围的原则规定

《国家危险废物名录》中规定,具有下列情形之一的固体废物和液态废物,列入该名录:具有腐蚀性、毒性、易燃性、反应性或者感染性等一种或者几种危险特性的;不排除具有危险特性,可能对环境或者人体健康造成有害影响,需要按照危险废物进行管理的。

医疗废物属于危险废物。《医疗废物分类目录》根据《医疗废物管理条例》另行制定和公布。未列入该名录和《医疗废物分类目录》的固体废物和液态废物,由国务院环境保护行政主管部门组织专家，根据国家危险废物鉴别标准和鉴别方法认定具有危险特性的，属于危险废物，适时增补进本名录。

家庭日常生活中产生的废药品及其包装物、废杀虫剂和消毒剂及其包装物、废油漆和溶剂及其包装物、废矿物油及其包装物、废胶片及废相纸、废荧光灯管、废温度计、废血压计、废镍镉电池和氧化汞电池以及电子类危险废物等，可以不按照危险废物进行管理。将以上废弃物从生活垃圾中分类收集后，其运输、贮存、利用或者处置，按照危险废物进行管理。

第十二章

某医院的文明安全施工

第一节　建设工程施工现场安全防护标准

一、基槽、坑、沟

(1)在基础施工前及开挖槽、坑、沟土方前，总承包单位必须以书面形式向分单位提供详细的与施工现场相关的地下管线资料，分包单位采取措施保护地下各类管线。

(2)基础施工前应具备完整的岩土工程勘察报告及设计文件。

(3)土方开挖必须制定保证周边建筑物、构筑物安全的措施并经施工单位技术部门审批后方准施工。

(4)雨期施工期间基坑周边必须要有良好的排水系统和设施。

(5)危险处和通道处及行人过路处开挖的槽、坑、洞，必须采取有效的防护措施，防止人员坠落，夜间应设红色标志灯。

(6)开挖槽、坑、沟深度超过1.5m，应根据土质和深度情况按规定放坡或加可靠支撑，并设置人员上下坡道或爬梯，爬梯两侧应用密目网封闭；开挖沟深度超过2m的，必须在边沿处设立两道防护栏杆，用密目网封闭；基坑深度超过5m的，必须编制专项施工安全技术方案，经施工单位技术部门审批由施工单位安全部门监督实施。

(7)槽、坑洞边2m以内不得堆土、堆料、停置机具。

(8)基础施工时的降排水(井口)工程的井口，必须设牢固防护盖板或围栏和警示标志，完工后，必须将井回填实。

(9)模板工程施工前应编制施工方案(包括模板及支撑的设计、制作、安装和拆除的施工工序以及运输、存放的要求)，经施工单位技术部门负责人审批后方可实施。

(10)模板及其支撑系统在安装拆卸过程中，必须有临时固定措施，严防倾覆。大模板施工中操作平台、上下梯道、防护栏、支撑等作业系统必须齐全有效。

(11)模板拆除应按区域逐块进行，并设警戒区，严禁操作人员进入作业区。

二、脚手架作业防护

(1)脚手架支搭及所用构件必须符合国家规范。

(2)钢管脚手架应用外径48～51mm，壁厚3～3.5mm，无严重锈蚀、弯曲、压扁或裂纹的钢管。

结构脚手架立杆间距不得大于1.5m，纵向水平杆(大横杆)间距不得大于1.2m，横向水平杆(小横杆)间距不得大于1m。

装修脚手架立杆间距不得大于1.5m,纵向水平杆(大横杆)间距不得大于1.8m,横向水平杆(小横杆)间距不得大于1.5m。

施工现场严禁使用杉篙支搭承重脚手架。

(3)脚手架基础必须平整坚实,有排水措施,满足架体支搭要求,确保不沉陷,不积水,其架体必须支搭在底座(托)或通长脚手板上。

(4)脚手架施工操作面必须满铺脚手板,离墙面不得大于200mm,不得有空隙和探头板、飞跳板。操作面外侧应设一道护身栏杆和一道180mm高的挡脚板,脚手架施工层操作面下方净空距离超过3m时,必须设置一道水平安全网,双排架里口与结构外墙间水平网无法防护时可铺设脚手板。架体必须用密目安全网沿外架内侧进行封闭,安全网之间必须连接牢固,封闭严密,并与架体固定。

(5)脚手架必须按楼层与结构拉接牢固,拉接点垂直距离不得超过4m,水平距离不得超过6m。拉接必须使用刚性材料,20m以上高大架子应有卸荷措施。

(6)脚手架必须设置连续剪刀撑保证整体结构不变形,宽度不得超过7根立杆,斜杆与水平面夹角应为45°～60°。

(7)特殊脚手架和高度在20m以上的高大脚手架必须有设计方案,并履行验收手续。

(8)结构用的里、外承重脚手架,使用时荷载不得超过2646N/m²(270kg/m²)。装修用的里,外脚手架使用荷载不得超过1960N/m²(200kg/m²)。

(9)在建工程(含脚手架具)的外侧是边缘与外电架空线的边线之间,应按规范保持安全操作距离。特殊情况,必须采取有效可靠的防护措施。护线架的支搭应采用非导电材质,其基础立杆埋深度为300～500mm,整体护线架要有可靠支顶拉接措施,保证架体稳固。

(10)人行马道宽度不小于1m,斜道的坡度不大于1∶3;运料马道宽度不小于1.5m,斜道的坡度不大于1∶6。拐弯处应设平台,按临边防护要求设置防护要求设置防护栏杆及挡脚板,防滑条间距不大于300mm。

➢三、物料提升机(井字架、龙门架)使用防护

(1)井字架(龙门架)的使用应符合《龙门架及井架物料提升机安全技术规范》(JGJ88—2010)要求,制定施工方案、操作规程及检修制度,并履行验收手续。

(2)拆除、安装物料提升机要进行安全交底,划定防护区域,专人监护。

(3)物料提升机吊笼必须使用定型的停靠装置,设置超高限位装置,使吊笼动滑轮上升最高位置与天梁最低处的距离不小于3m。天梁应使用型钢径计算确定。

(4)卷扬机安装在平整坚实位置上,应设置防雨、防砸操作棚,操作人员要有良好的操作视线和联系方法。因条件限制影响视线,必须设置专门的信号指挥人员或安装通讯装置。

(5)卷扬机安装必须要牢固可靠,钢丝绳不得拖地使用,凡经通道处的钢丝绳应予以遮护。

(6)井字架(龙门架)外用电梯首层进料口一侧应搭设长度小于3～6m、宽于架体(梯笼)两侧各1m、高度不低于3m的防护棚,防护棚两侧必须用密目安全网进行封闭,楼层卸料平台应平整、坚实,便于施工人员施工和行走,并设置可靠的工具式防护门,两侧应绑两道护身栏,并用密目网封闭。

四、"三宝"、"四口"和临边防护

"三宝"即安全帽、安全网、安全带,"四口"即楼梯口、电梯口、出入口、预留间口。以下是对"三宝"、"四口"及临时防护的相关要求:

(1)进入施工现场的人员,必须正确佩戴安全帽。安全帽必须符合《安全帽》(GB 2811—2007)标准。

(2)凡在坠落高度基准面 2m 以上(含 2m),无法采取可靠防护措施的高处作业人员必须正确使用安全带,安全带必须符合《安全帽》(GB 6095—2009)标准。

(3)施工现场使用的安全网、密目式安全网必须符合《安全网》(GB 5725—2009)、《密目式安全网》(GB 16909—1997)国家标准。

(4)项目部安全员应对安全防护用品进行严格管理。

(5)1.5m×1.5m 以下的孔洞,用坚实盖板盖住,有防止挪动、位移的措施。1.5m×1.5m 以上的孔洞,四周设两道防护栏杆,中间支挂水平安全网,结构施工中伸缩缝和后浇带处加固定盖板防护。

(6)电梯井口必须设高度不低于 1.2m 的金属防护门。

(7)电梯井内首层和首层以上每隔四层设一道水平安全网,安全网应封闭严密。

(8)管道井和烟道必须采取有效防护措施,防止人员、物体坠落。墙面等面处的竖向口必须设置固定式防护门或设置两道防护栏杆。

(9)结构施工中电梯井和管道竖井不得作为垂直运输通道和垃圾通道。

(10)楼梯踏步及休息平台处,必须设两道牢固防护栏杆或立安全网。回转式楼梯间支设首层水平安全网,每隔 4 层设一道水平安全网。

(11)阳台栏板应随层安装,不能随层安装的,必须在阳台边设两道防护栏杆,用密目网封闭。

(12)建筑物楼层邻边四周,未砌筑、安装维护结构时,必须设两道防护栏杆,立挂安全网。

(13)建筑物出入口必须搭设宽于出入通道两侧的防护棚,棚顶应满铺不小于 50mm 厚的脚手板,通道两侧用密目安全网封闭。多层建筑防护棚长度不小于 3m,高层不小于 6m,防护棚高度不低于 3m。

(14)因施工需要临时拆除洞口、临边防护的,必须由项目部安全员监护,监护人员撤离前必须将原防护设施复位。

五、高处作业防护

(1)高处作业施工要遵守《建筑施工高处作业安全技术规范》(JGJ 80—91)。

(2)使用落地式脚手架必须使用密目安全网沿架体内侧进行封闭,网之间连接牢固并与架体固定,安全网要整洁美观。

(3)凡高度在 4m 以上的建筑物不使用落地式脚手架的,首层四周必须支固定 3m(高层建筑支 6m 宽)双层网,网底距接触面不得小于 3m(高层不得小于 5m),高层建筑每隔四层还应固定一道 3m 宽的水平安全网,网接口处必须连接严密。支搭的水平安全网直至无高处作业时方可拆除。

(4)在 2m 以上高度从事支模、绑钢筋等施工作业时必须有可靠防护的施工作业面,并设置安全固梯。

(5)物料必须堆放平稳,不得放置在临边和洞口附近,也不得妨碍作业、通行。

(6)建筑施工对施工现场以外人或物可能造成危害的,应采取安全防护措施。

(7)施工浇筑作业时,应当制定相应的安全措施,并由项目部安全员进行检查与协调。

➢六、料具存放安全要求

(1)设置模板存放区必须设1.2m高围栏进行围挡。模板存放场地必须平整夯实,模板必须码放整齐,保证70°～80°的自稳角。长期存放的大模板必须有用拉杆连接绑牢等可靠的防倾倒措施。没有支撑的大模板应存放在专门设计的插放架内。

(2)清理模板和刷隔离剂时必须将模板支撑牢固,防止倾覆,并应保证两模板间距离不大于600mm。

(3)砌块、小钢模应保证码放稳固、规范,高度不得超过1.5m。

(4)存放水泥等袋装材料或砂石料等散装材料严禁靠墙码垛、存放。

(5)砌筑1.5m以上高度的基础挡土墙现场围挡墙、砂石料围挡墙必须有专项措施,确保施工时围墙稳定。基础挡土墙一次性砌筑不得超过2m,并且要分步进行回填。

(6)各类悬挂物以及各类架体必须采取牢固稳定措施。临时建筑物应按规定要求搭建,保证建筑物自身安全。

➢七、临时用电安全防护

(1)施工现场临时用电必须按照部颁发《施工现场临时用电安全技术规范》(JGJ 46—2005)的要求,编制临时用电施工组织设计,建立相关的管理文件和档案资料。

(2)总承包单位与分包施工单位必须订立临时用电管理协议,明确双方相关责任,分承包单位必须遵守现场管理文件的约定,总包单位必须按照规定落实对分包单位的用电设施和日常施工的监督管理。

(3)施工现场临时用电必须由项目部电气专业工程师负责管理,明确职责,并确定电气维修和值班人员。现场各类配电箱和开关箱必须确定检修和维护责任人。

(4)临时用电配电线路必须按规范架设整齐,架空线路必须用绝缘导线,不得采用塑料软线。电缆线路必须按规定沿附着物敷设或采用埋地方式敷设,不得沿地面明敷设。

(5)各类施工活动应与内、外电线路保持安全距离,达不到规范规定的最小安全距离时,必须采用可靠的防护措施。

(6)配电系统必须实行分级配电。各级配电箱、开关箱的箱体安装和内部设施必须符合有关规定,箱内电器必须可靠完好,其选型、整定值要符合规定,开关电器应标明用途,并在电箱正面门内绘有接线图。

(7)各类配电箱、开关箱外观应完整、牢固、防雨、防尘,箱体应外涂安全色标,统一编号,箱内无杂物。停止使用的配电箱应切断电源,箱门上锁。固定式配电箱应设围栏,并有防雨防砸措施。

(8)独立的配电系统必须按规范采用三相五线制的接零保护系统,非独立系统可根据现场实际情况采取相应的接零或接地保护方式。各种电气设备和电力施工机械的金属外壳、金属支架和底座必须按规定采以可靠的接零或接地保护。

(9)在采用接零或接地保护方式的同时,必须逐级设置漏电保护装置,实行分级保护,形成完整的保护系统。漏电保护装置应装设避雷装置。

(10)现场金属架构物(照明灯架、垂直提升装置、超高脚手架)和各种高大设施必须按规定装设避雷装置。

(11)手持电动工具的使用,依据国家标准的有关规定采用Ⅱ类、Ⅲ类绝缘型的手持电动工具。工具的绝缘状态、电源线、插头和插座完好无损,电源线不得任意接长或调换,维修和检查由专业人员负责。

(12)一般场所采用220V电源照明的必须按规定布线和装设灯具,并在电源一侧加装漏电保护器。特殊场所必须按国家标准规定使用安全电压照明器。

(13)施工现场的办公区和生活区应根据用途按规定安装照明灯具和使用用电器具。食堂的照明和炊事机具必须安装漏电保护。现场凡有人员经过和施工活动的场所,必须提供足够的照明条件。

(14)使用行灯和低压照明灯具,其电源电压不应超过36V,行灯灯体与手柄应坚固、绝缘良好,电源线应使用橡套电缆线,不得使用塑铜线,行灯和低压灯的变压器应装设在安全区域,符合户外电气安装要求。

(15)现场使用移动式碘钨灯照明,必须采用密闭式防雨灯具。碘钨灯的金属灯具和金属支架应作良好接零保护,金属架杆手持部位采取绝缘措施。电源使用护套电缆线,电源侧装设漏电保护器。

(16)使用电焊机应单独设开关,电焊机外壳应做接零或接地保护。一次线长度应小于5m,二次线长度应小于30m。电焊机两侧接线应压接牢固,并安装可靠防护罩。电焊把线应双线到位,不得借用金属管道、金属脚手架、轨道及结构钢筋作回路地线。电焊把线应使用专用橡套多股软铜电缆线,线路应绝缘良好,无破损、裸露。电焊机装设应采取防埋、防浸、防雨、防砸措施。交流电焊机要装设专用防触电保护装置。

(17)施工现场临时用电设施和器材必须使用正规厂家的合格产品,严禁使用假冒伪劣等不合格产品。安全电气产品必须经过国家级专业检测机构认证。

(18)检修各类配电箱、开关箱、电器设备和电力施工机具时,必须切断电源,拆除电气连接并悬挂警示标牌。试车和调试时应确定操作程序和设立专人监护。

八、施工机械安全防护

(1)施工现场使用的机械设备(包括自有、租赁设备)必须实行安装、使用全过程管理。

(2)施工现场要为机械作业提供道路、水电、临时机棚或停机场地等必需的条件,确保使用安全。

(3)机械设备操作保证专机专人,持证上岗,严格落实岗位责任制,并严格执行清洁、润滑、坚固、调整、防腐的“十字作业法”。

(4)施工现场的起重吊装必须由专业队伍进行,信号指挥人须持证上岗。起重吊装作业前应根据施工组织设计要求,划定施工作业区域,设置醒目的警示标志和专职的监护人员。起重回转半径与高压电线必须保持安全距离。

(5)因场地环境影响塔式起重机易装难拆的现场,安装、拆除方案必须同时制订。

(6)塔式起重机路基和轨道的铺设及起重机的安装必须符合国家标准及原厂使用规定,并办理验收手续。经检验合格后，方可使用。使用中定期进行检测。

(7)塔式起重机的安全装置(四限位、两保险)必须齐全、灵敏、可靠。

(8)群塔作业方案中，应保证处于低位的塔式起重机塔身之间至少有 2m 的距离。配备固定的信号指挥和相对固定的挂钩人员。

(9)塔式起重机吊装作业时，必须严格遵守施工组织设计和安全技术交底中的要求，吊物严禁超出施工现场的范围。六级以上强风必须停止吊装作业。

(10)外用电梯的基础做法、安装和使用必须符合规定，安装与拆除必须由具有相应资质的企业进行，认真执行安全技术交底及安装工艺要求。如遇特殊情况(附墙距离需做调整等)，应由项目部技术部门制订方案，并经项目部总工程师审批后实施。

(11)外用电梯的制动装置、上下极限限位、门联锁装置必须齐全灵敏有效，限速器应能符合规范要求，并在安装完成后进行吊笼的防坠落试验。

(12)外用电梯司机必须持证上岗，熟悉设备的结构、原理、操作规程等。班前必须坚持例行保养。设备接通电源后，司机不得离开操作岗位，监督运载物料时做到均衡分布，防止倾翻和外漏坠落。

(13)施工现场塔式起重机、外用电梯、电动吊篮等机械设备必须有市建委颁发的统一编号；安装单位必须具备资质，作业人员持有特种作业操作证，同一台设备的安装和顶升、锚固必须由同一单位完成，安装完毕后填写验收表，数据必须量化，验收合格后方可使用。

(14)施工现场机械设备安全防护装置必须保证齐全、灵敏、可靠。

(15)施工现场的木工、钢筋、混凝土、卷扬机械、空气压缩机必须设防砸、防雨的操作棚。

(16)各种机械设备要有安装验收手续，并在明显部位悬挂安全操作规程及设备负责人的标牌。

(17)认真执行机械设备的交接班制度，并作好交接班记录。

(18)施工现场机械严禁超载和带病运行，运行中禁止维护保养；操作人员离机或作业中停电时，必须切断电源。

(19)蛙式打夯机必须使用单向开关，操作扶手要采取绝缘措施。

(20)蛙式打夯机必须两人操作，操作人员必须戴绝缘手套和穿绝缘鞋。严禁在夯机运转时清除积土。用后应切断电源，遮盖防雨布并将机座垫高停放。

(21)固定卷扬机机身必须设牢固地锚。传动部分必须安装护罩，导向滑轮不得使用开口拉板式滑轮。

(22)操作人员离开卷扬机或作业中停电时，应切断电源，吊笼降至地面。

(23)搅拌机使用前必须支撑牢固，不得用轮胎代替支撑。移动时，必须先切断电源。启动装置、离合器、制动器、保险链、保护罩应齐全完好，使用安全可靠。搅拌机停止使用，将料斗升起，必须挂好上料斗的保险链。料斗的钢丝绳达到报废标准时必须及时更换。维修、保养、清理时必须切断电源，设专人监护。

(24)圆锯的锯盘及传动部位应安装防护罩并设置保险档、分料器。凡长度小于 500mm，厚度大于锯盘半径的木料，严禁使用圆锯。破料锯与横截锯不得混用。

(25)砂轮机应使用单向开关，砂轮必须装设不小于 180°的防护罩和牢固可调整的工作托架，严禁使用不圆、有裂纹和磨损剩余部分不足 25mm 的砂轮。

(26)平面刨、手压刨安全防护装置必须齐全有效。

(27)吊索具必须使用合格产品。

(28)钢丝绳应根据用途保证足够的安全系数。凡表面磨损、腐蚀、断丝超过标准的或有死弯、断股、油芯外露的不得使用。

(29)吊钩除正确使用外,应有防止脱钩的保险装置。

(30)卡环在使用时,应保证销轴和环底受力。吊运大模板、大灰斗、混凝土斗和预制墙板等大件时,必须使用卡环。

(31)进入施工现场的车辆必须有专人指挥。

九、资料管理

(1)总承包单位与分包施工单位的安全管理协议书。

(2)项目部安全生产管理体系及责任制。

(3)基础、结构、装修阶段的各种安全措施及安全交底;模板工程施工组织设计及审批;高大、异型脚手架设计方案、审批及验收;各类脚手架的验收手续;施工单位保护地下管线的措施。

(4)各类安全防护设施的验收记录。

(5)防护用品合格证及检测资料。

(6)临时用电施工组织设计、变更资料及审批手续;电气安全技术交底。

(7)临时用电验收记录;电气设备测试、调试记录;接地电阻摇测记录;电工值班维修记录。

(8)临时用电器材产品认证、出厂合格证。

(9)施工现场总平面布置图。

(10)机械租赁合同(包括资质证明复印件)及安全管理协议书;机械安(拆)装合同(包括资质证明复印件)。

(11)总包单位与机械出租单位共同对机组人员和吊装人员的安全技术交底;塔式起重机安装(包括路基轨道铺装)、顶升、锚固等交底和验收记录表;外用电梯安装、验收记录表(包括基础交底验收);电动吊篮安装、验收记录表。

(12)起重吊装工程的方案、合同。

(13)施工人员安全教育记录。特种作业人员名册及岗位证;机械操作人员、起重吊装人员名册及操作证书。

(14)各类安全检查记录(月检、日检),隐患通知、整改措施,以及违章登记、罚款记录。

第二节 建设工程施工现场场容卫生标准

一、现场场容

(1)施工现场应实行封闭式管理,围墙坚固、严密,高度不得低于1.8m。围墙材质应使用金属定型材料或砌块砌筑,严禁在墙上乱涂、乱张贴。

(2)施工现场的大门和门柱应牢固美观,高度不得低于2m。大门上应标有企业标识。

(3)施工现场大门明显处设置工程概况及管理人员名单监督电话标牌。标牌内容应写明工程名称、面积、层数,建设单位,设计单位,施工单位,监理单位,项目经理及联系电话,开工、竣工日期。标牌面积不得小于 0.7m×0.5m(长×高)字体为仿宋体,标牌底边距地面不得低于 1.2m。

(4)施工现场大门内应有施工现场总平面图,安全生产、消防保卫、环境保护、文明施工制度板,施工现场和各种标识牌字体正确规范、工整美观,并保持整洁完好。

(5)现场必须采取排水措施,主要道路必须进行硬化处理。

(6)建设单位、施工单位必须在施工现场设置群众来访接待,有专人值班,耐心细致接待来访人员,并作好记录。

(7)施工区域、办公区域和生活区域应有明确划分,设立标志牌,明确负责人,施工现场办公区域与生活区域应根据实际条件进行绿化,办公室、宿舍和更衣室要保持清洁有序。施工区域内不得晾晒衣物被褥。

(8)建筑物内外的零散碎料和垃圾渣土要及时清理。楼梯踏步、休息平台、阳台等处不得堆放料具和杂物。使用中的安全网必须干净整洁,破损的要及时修补或更换。

(9)施工现场项目部办公室,其外立面应美观整洁。

(10)水泥库内外散落灰必须及时清理,搅拌机四周、搅拌处及现场内无废砂浆和混凝土。

(11)建筑工程红线外占用地须经有关部门批准,应按规定办理手续,并按施工现场的标准进行管理。

二、现场环境卫生和卫生防疫

(1)施工现场办公区、生活区卫生工作应由专人负责,明确责任。

(2)办公区、生活区应保持整洁卫生,垃圾应存放在密闭式容器中,定期灭蝇,及时清运。

(3)生活垃圾与施工垃圾不得混放。

(4)生活区宿舍内,夏季应采取消暑和灭蚊蝇措施,冬季应有采暖和防煤气中毒措施,并建立验收制度。宿舍内应有必要的生活设施及保证必要的生活空间,室内高度不得低于 2.5m,通道的宽度不得小于 1m,应有高于地面 300mm 的床铺,每人床铺占有面积不小于 2 ㎡,床铺被褥干净整洁,生活用品摆放整齐,室内保持通风。

(5)生活区内必须有盥洗设施和洗浴间,应设阅览室、娱乐场所。

(6)施工现场应设水冲式厕所,厕所墙壁屋顶严密,门窗齐全,要有灭蝇措施,设专人负责定期保洁。

(7)严禁随地大小便。

(8)施工现场设置的临时食堂必须具备食堂卫生许可证、炊事人员身体健康证、卫生知识培训证,建立食品卫生管理制度,严格执行食品卫生法和有关管理规定,施工现场的食堂和操作间相对固定、封闭,并且具备清洗消毒的条件和杜绝传染疾病的措施。

(9)食堂和操作间内墙应抹灰,屋顶不得吸附灰尘,应有水泥抹面锅台、地面,必须设排风设施。

操作间必须有生熟分开的刀、盆、案板等炊具及存放柜橱。

库房内应有存放各种佐料和副食的密闭器皿,有距墙距地面大于 200mm 的粮食存放台。

(10)食堂内外整洁卫生,炊具干净,无腐烂变质食品,生熟品分开加工保管,食品有遮盖,应有灭蝇、灭鼠、灭蟑措施。

(11)食堂操作间和仓库不得兼作宿舍使用。

(12)食堂炊事员上岗必须穿戴整洁的工作服帽，并保持个人卫生。

(13)严禁购买无证、无照商贩食品，严禁食用变质食品。

(14)施工现场应保证供应卫生饮水，有固定的盛水容器和有专人管理，并定期清洗消毒。

(15)施工现场应制定卫生急救措施，配备保健药箱和一般常用药品及急救器材，为有毒有害作业人员配备有效的防护用品。

(16)施工现场发生法定传染病和食物中毒、急性职业中毒时，立即向上级主管部门及有关部门报告，同时要积极配合卫生防疫部门进行调查处理。

(17)现场工人患有法定传染病或是病源携带者，应予以及时必要的隔离治疗，直至卫生防疫部门证明不具有传染性时方可恢复工作。

(18)对从事有毒有害作业人员，应按照《职业病防治法》的规定作职业健康检查。

(19)施工现场应制定暑期防暑降温措施。

三、应具备的内业资料

(1)施工组织设计(或方案)内容应科学、齐全、合理，施工安全、保卫消防、环境保护和文明施工管理措施要有针对性，要有施工各阶段的平面布置图和季节性施工方案，并且切实可行。

(2)施工组织(或方案)应有编制人、审批人签字及签署意见，补充或变更施工组织设计应经原编制人和审批人签字。

(3)施工现场应建立文明施工管理组织机构，明确责任划分。

(4)现场应有施工日志和施工现场管理制度。

(5)现场有接待、解决居民来访的记录。

(6)施工现场各责任区划分负责人，材料存放布置图。

(7)施工现场应建立贵重材料和危险品管理制度。

(8)现场卫生管理制度及月卫生检查记录。

(9)现场急救措施及器材配置，施工生产安全应急预案。

(10)现场食堂及炊事人员的“三证”复印件。

第三节　建设工程施工现场环境保护标准

一、防治大气污染

(1)施工现场主要道路必须进行硬化处理，施工现场应采取覆盖、固化、绿化、洒水等有效措施，做到不泥泞、不扬尘。施工现场的材料存放区、大模板存放区等场地必须平整夯实。

(2)遇有四级风以上天气不得进行土方回填、转运以及其他可能产生扬尘污染的施工。

(3)施工现场应有专人负责环保工作，配备相应的洒水设备及时洒水，减少扬尘污染。

(4)建筑物内的施工垃圾清运必须采用封闭式专用垃圾道或封闭式容器吊运，严禁凌空抛撒。施工现场应设密闭式垃圾站，施工垃圾、生活垃圾分类存放，施工垃圾清运时应提前适量洒水，并按规定及时清运消纳。

(5)水泥和其他易飞扬的细颗粒建筑材料应密闭存放，使用过程中应采取有效措施防止扬尘，施工现场土方应集中堆放，采取覆盖固化等措施。

(6)从事土方、渣土和施工垃圾的运输,必须使用密闭式运输车辆。施工现场出入口处设置冲洗车辆的设施,出场时必须将车辆清理干净,不得将泥沙带出现场。

(7)市政道路施工作业时,应采用冲洗等措施,控制扬尘污染。灰土和无机料拌和,应采用预拌进场,碾压过程中要洒水降尘。

(8)规划市区内的施工现场,混凝土浇筑量超过 $100m^3$ 以上的工程,应当使用预拌混凝土,施工现场设置搅拌机的机棚必须封闭,并配备有效的降尘装置。

(9)施工现场使用的热水锅炉、炊事炉灶及冬期施工取暖锅炉等必须使用清洁燃料。施工机械、车辆尾气排放应符合环保要求。

(10)拆除旧有建筑时,应随时洒水,减少扬尘污染。渣土要在拆除施工完成之日起三日内清运完毕,并应遵守拆除工程的有关规定。

➢二、防治水污染

(1)搅拌机前台、混凝土输送泵及运输车辆清洗处应当设置沉淀池,废水不得直接排入市政污水管网,经二次沉淀后循环用于洒水降尘。

(2)现场存放油料,必须对库房进行防渗漏处理,储存和使用都要采取措施,防止油料泄漏,污染土壤、水体。

(3)施工现场设置的食堂,用餐人数在100人以上的,应设置简易有效的隔油池,加强管理,专人负责定期掏油,防止污染土壤水体。

➢三、防治施工噪声污染

(1)施工现场应遵照《建筑施工场界噪声排放标准》(GB 12523—2011)制定降噪措施。在城市区范围内,建筑施工过程中使用的设备,可能产生噪声污染的,施工单位应按有关规定向工程所在的环保部门申报。

(2)施工现场的电锯、电刨、搅拌机、固定式混凝土输送泵、大型空气压缩机等强噪声设备应搭设封闭式机棚,并尽可能设置在远离居民区的一侧,以减少噪声污染。

(3)因生产工艺上要求必须连续作业或者特殊需要,确需在当日22时至次日6时期间进行施工的,施工单位应当在施工前到工程所在地的区、县建设行政主管部门提出申请,经批准后方可进行夜间施工。

(4)进行夜间施工作业的,应采取措施,最大限度减少施工噪声,并采用隔音布、低噪声振捣棒等方法。

(5)对人为的施工噪声应有管理制度和降噪措施,并进行严格控制,承担夜间材料运输的车辆,进入施工现场严禁鸣笛,装卸材料应做到轻拿轻放,最大限度地减少噪声扰民。

(6)施工现场应进行噪声值监测,监测方法执行《建筑施工场界噪声排放标准》(GB 12523—2011),噪声值不应超过国家或地方噪声排放标准。

➢四、应具备的内业资料

(1)施工现场的管理资料。

(2)施工现场环境保护管理组织机构及职责划分。

(3)施工现场防止大气污染、水污染、施工噪声污染的治理措施。

(4)环境管理工作的检查记录。

(5)夜间施工的审批手续及噪声监测值。

第四节　建设工程施工现场保卫、消防工作标准

一、保卫工作

(1)施工现场的治安保卫工作,应遵守国家有关法律、法规以及有关规定,开展治安保卫工作。

(2)施工现场要建立门卫和巡逻护场制度,护场守卫人员要佩带值勤标志,进出人员要佩戴胸卡。

(3)加强对施工现场务工人员的管理,施工现场使用的务工人员必须手续齐全,建立务工人员档案,非施工人员不得进住现场,特殊情况要经项目部安全员批准。

(4)施工现场治安保卫工作要建立预警制度,对于有可能发生的事件要定期进行分析,化解矛盾。事件发生时,必须报告上级主管部门,并做好工作,以防事态扩大。

(5)加强对财务、库房、宿舍、食堂等易发案件区域的管理,要明确治安保卫工作责任人,制定防范措施,防止发生各类治安事件。严禁赌博、酗酒、传播淫秽物品和打架斗殴。

(6)做好成品保卫工作,制定具体措施,严防被盗、破坏和治安灾害事故的发生。

二、消防工作

(1)施工现场的消防工作,应遵照国家有关法律、法规以及《建设工程施工现场消防安全管理规定》开展消防安全工作。

(2)施工现场要有明显的防火宣传标志,施工现场的义务消防员,要定期组织教育培训,并将培训资料存入内业档案中。

(3)施工现场必须设置临时消防车道,其宽度不得小于 3.5m,并保证临时消防车道的畅通,禁止在临时消防车道上堆物、堆料挤占临时消防车道。

(4)施工现场必须配备消防器材,做到布局合理,要害部位应配备不少于 4 具的灭火器,要有明显的防火标志,并经常检查、维护、保养,保证灭火器材灵敏有效。

(5)施工现场消火栓应布局合理,消防干管直径不小于 100mm,消火栓处昼夜要设有明显标志,配备足够的水龙带,周围 3m 内不准堆放物品。地下消火栓必须符合防火规范。

(6)高度超过 24m 的建筑工程应安装临时消防竖管。管径不得小于 75mm。每层设消火栓口,配备足够的水龙带。消防供水要保证足够的水源和水压,严禁消防竖管用作施工用水管线,消防泵房应使用非燃材料建造,位置合理,便于操作,并设专人管理,保证消防供水,消防泵的专用核配电线路,应引自施工现场总断路器的上端,要保证连续不间断供电。

(7)电焊工、气焊工从事电气设备安装和电、气焊切割作业,要有操作证和用火证。用火前,要对易燃、可燃物清除,采取隔离措施,配备看火人员和灭火器具,作业后必须确认无火源隐患后方可离去。用火证当日有效,用火地点变换,要重新申请办理用火证手续。

(8)氧气瓶、乙炔瓶工作间距不得小于 5m,两瓶与明火作业距离不得小于 10m。建筑工程内禁止氧气瓶、乙炔存放,禁止使用液化石油气"钢瓶"。

(9)施工现场使用的电气设备必须符合防火要求。临时用电必须安装过载保护装置,配电箱内不准使用易燃、可燃材料,严禁超负荷使用电气设备,施工现场存放易燃、可燃材料的库房、木工加工场所、油漆配料房及防水作业场所不得使用明露高热强光源灯具。

(10)易燃、易爆物品,必须有严格的防火措施,指定防火负责人,配备灭火器材,确保施工安全。

(11)施工材料的存放、使用应符合防火要求,库房应采用非燃材料支搭,易燃、易爆物品应专库储存,分类单独存放,使用和保存要符合防火规定。不准在工程内、库房内调配油漆、稀料。

(12)工程内不准作为仓库使用,不准存放易燃、可燃材料,因施工需要进入工程内的可燃材料,要根据工程计划限量进入并采取可靠的防火措施。废弃材料应及时清除。

(13)施工现场使用的安全网、密目式防尘网、保温材料,必须符合消防安全规定,不得使用易燃、可燃性材料。使用时施工企业保卫部门必须严格审核,凡是不符合规定的材料,不得进入施工现场使用。

(14)施工现场严禁吸烟。不得在主体结构内设置宿舍。

(15)施工现场和生活区,未经保卫部门批准不得使用电热器具。严禁工程中明火保温施工及宿舍内明火取暖。

(16)从事油漆粉刷或防水等危险作业时,要有具体的防火要求,必要时派专人看护。

(17)生活区的设置必须符合消防管理规定。严禁使用可燃材料搭设,宿舍内不得卧床吸烟,房间内住 20 人以上必须设置不少于 2 处安全门;居住 100 人以上,要有消防安全通道及人员疏散预案。

(18)生活区的用电要符合防火规定。用火要经保卫部门审批,食堂使用的燃料必须符合使用规定,用火点和燃料不能在同一房间内,使用时要有专人管理,停火时要将总开关关闭,经常检查有无泄漏。

➢三、应具备的内业资料

(1)施工现场必须建立健全保卫、消防内业资料,包括保卫、消防设施平面图;现场保卫、消防制度、方案、预案;保卫、消防组织机构、负责人、义务消防队;

(2)消防设施、器材等维修验收记录;

(3)密目式安全网、围网、保温材料、电气产品检验、验收及质量体系认证证书等材料;

(4)电气焊特殊工种人员记录;

(5)警卫人员工作记录;

(6)施工现场保卫、消防检查记录。

第五节　施工现场生活区设置和管理标准

➢一、生活区设置

生活区必须设置办公室、宿舍、食堂、厕所、盥洗设施、淋浴间、开水房、密闭式垃圾箱等临时设施。

二、宿舍

(1)宿舍内必须保证必要的生活空间,室内高度不得低于2.5m,通道宽度不得小于0.9m,每间宿舍居住人员不得超过15人。

(2)宿舍内必须设置单人铺,底床铺高于地面0.3m,面积不得小于1.9×0.9m,床铺间距不得小于0.3m,床铺的搭设不得超过2层。床头应设有住宿人的姓名卡。

(3)宿舍内应设置生活用品专柜,生活用品摆放整齐。

(4)宿舍必须设置可开启式窗户,保持室内通风。

(5)宿舍夏季应有防暑降温措施,冬季有取暖和防煤气中毒的措施。

三、食堂

(1)装修食堂所用建筑材料必须符合环保、消防要求。

(2)食堂必须设置独立的制作间、库房和燃气罐存放间。

(3)食堂应配备必要的排风设施和消毒设施。

(4)制作间灶台及其周边应贴瓷砖,地面硬化,保持墙面、地面干净。

(5)食堂必须设置隔油池。

(6)食堂制作间的下水管线应与污水管线连接,保证排水通畅。

(7)制作间必须有生熟分开的刀、盆、案板等炊具及存放柜。

(8)库房内应有存放各种佐料和副食的密闭器皿,应有距墙、距地面大于20cm的粮食存放台。

(9)食堂必须设置密闭式泔水桶。

四、厕所

(1)生活区内必须设置水冲式厕所或移动式厕所。

(2)厕所墙壁、屋顶严密,门窗齐全,采用水泥地面。

(3)厕所大小应根据生活区人员数量的要求设置。

五、盥洗设施

(1)必须设置满足施工人员使用的水池和水龙头。

(2)盥洗设施的下水管线应与污水管线连接,必须保证排水通畅。

六、淋浴间

(1)淋浴间内必须设置冷热水管和淋浴喷头,保证施工人员定期洗热水澡。

(2)淋浴间内必须设置储衣柜或挂衣架。

(3)淋浴间内的下水管线应与污水管线连接,必须保证排水通畅。

(4)淋浴间的用电设施必须满足用电安全。照明设备必须安装防爆灯具和防水开关。

第六节　卫生、防疫管理措施

(1)必须严格执行卫生、防疫管理规定，建立卫生防疫管理制度，并制定法定传染病、食物中毒、急性职业中毒等突发性疾病的应急预案。

(2)生活区必须保持清洁卫生，定期清扫和消毒。

(3)生活区必须有消灭鼠、蚊、蝇、蟑螂等的措施。

(4)生活区垃圾必须存放在密闭式容器中，并及时清运，不得与建筑垃圾混合运输、消纳。

(5)厕所必须设专人负责，及时清扫，定期消毒。

(6)生活区应配备卫生监督员，对生活区及个人的卫生情况实行监督与检查，并作好记录。

(7)施工人员发生法定规定传染病、食物中毒、急性职业中毒症状时，必须在 2 小时内向事故发生地所在区(县)建设行政主管部门和卫生防疫部门报告。按照卫生防疫部门的有关规定及时进行处理。

第七节　食品卫生管理措施

(1)严格执行食品卫生管理的有关规定。

(2)食堂必须具备卫生许可证，炊事人员身体健康证、卫生知识培训证，卫生许可证必须挂在制作间明显处，身体健康证、卫生知识培训证应随身携带以备检查。

(3)炊事人员配备两套工作服、帽，上岗必须穿戴洁净的工作服、工作帽，并保持个人卫生。

(4)炊具、餐具必须及时清洗，定期消毒。

(5)开水炉或盛水容器必须保持清洁，定期清洗消毒，并设专人管理。

(6)生、熟食品必须分开加工和保管，存放成品、半成品容器必须有遮盖。

(7)加强食品、原料的进货管理，作好进货登记。严禁购买无照、无证商贩食品和原料。

(8)严禁食用变质食物。

(9)剩余饭菜应倒入密闭泔水桶内，并及时清运。

(10)库房有通风、防潮、防虫、防鼠等措施。库房不得兼做他用。

第八节　安全事故应急救援预案

为加强对施工生产安全事故的防范，及时做好安全事故发生后的救援处置工作，最大限度地减少事故损失，根据《中华人民共和国安全生产法》、《建设工程安全生产管理条例》的有关规定，结合该项目部施工生产的实际，特制定该施工生产安全事故应急救援预案。

一、应急预案的任务和目标

制定应急预案是为了更好地适应法律和经济活动的要求，给项目经理部员工的工作和施工场区周围居民提供更好、更安全的环境；保证各种应急反应资源处于良好的备战状态；指导应急反应行动按计划有序地进行，防止因应急反应行动组织不力或现场救援工作的无序和混乱而延误事故的应急救援；有效地避免或降低人员伤亡和财产损失；帮助实现应急反应行动的快速、有序、高效；充分体现应急救援的“应急精神”。

二、应急救援组织机构情况

该项目部生产安全事故应急救援预案的应急反应组织机构分为一、二级编制，公司总部设置应急预案实施的一级应急反应组织机构，项目经理部设置应急计划实施的二级应急反应组织机构。

一、二级应急反应组织机构各部门的职能及职责如下：

1.事故现场副指挥的职能及职责

(1)所有施工现场人员和公众应急反应行动的执行；

(2)现场事故评估；

(3)保证现场人员和公众应急行动的执行；

(4)控制紧急情况；

(5)作好与消防、医疗、交通管制、抢险救灾等各公共救援部门的联系。

2.现场伤员营救组的职能与职责

(1)引导现场人员从安全通道疏散；

(2)对受伤人员进行营救撤离到安全地带。

3.物资抢救组的职能和职责

(1)抢救可以转移的场区物资到安全地带；

(2)转移可能引起新危险源的物资到安全地带。

4.消防灭火组的职能和职责

(1)启动施工现场内的消防灭火装置和器材进行初期的消防灭火的自救工作；

(2)协助消防部门进行消防灭火的辅助工作。

5.保卫疏导组的职能和职责

(1)对施工现场内外进行有效的隔离工作，维护现场应急救援通道畅通的工作；

(2)疏通施工现场内外人员撤出危险地带。

6.后勤供应组织能及职能及职责

(1)迅速调配抢险物资器材至事故发生点；

(2)提供和检查抢险人员的装备和安全防护；

(3)及时提供后续的抢险物资；

(4)迅速组织后勤必须供给的物品，并及时输送后勤物品到抢险人员手中。

三、应急反应组织机构人员构成

应急反应组织机构在应急总指挥、应急副总指挥的领导下由各职能部门、项目经理部的人员分别兼职构成。具体如下：

(1)应急总指挥由公司的法定代表人担任；

(2)应急副总指挥由公司的副总经理担任；

(3)现场抢救组组长由项目经理担任，项目部组成人员为该组成员；

(4)危险源风险评估组组长由公司的总工担任，工程技术部组成人员为该组成员；

(5)技术处理组组长由公司的工程技术部部长担任，部门各专业负责人为该组成员；

(6)善后工作组组长由公司工会的负责人担任,公司办公室人员为该组成员;

(7)后勤供应组组长由公司的财务部部长担任,部门人员为该组成员;

(8)事故调查组组长由公司的工程技术部安全部长担任,部门专业安全负责人为该组成员;

(9)事故现场副指挥由项目经理部经理担任;

(10)现场伤员营救组由项目经理部安全员担任组长,项目经理部材料员、各施工单位材料员为该组成员;

(11)物资抢救组由项目经理部材料室主任担任组长,项目经理部材料员、各施工单位材料员为该组成员;

(12)消防灭火组由项目经理部安全员担任组长,各施工单位安全员为该组成员;

(13)后勤供应组由项目经理部材料室主任担任组长,项目经理部材料员、各施工单位材料员为该组成员。

四、应急救援的培训与演练

1.培训

应急预案和应急计划确立后,按计划组织公司总部、项目经理部的全体管理人员进行有效的培训,从而具备完成应急任务所需的知识和技能。

(1)一级应急组织每年进行一次培训。

(2)二级应急组织项目经理部开工前或半年进行一次培训。主要培训以下内容:

①灭火器的使用以及灭火步骤的训练;

②施工安全防护、作业区内安全警示设置、个人的防护措施、临时用电知识、在建工程的交通安全、大型机械的安全使用;

③对危险源的辨识;

④事故报警;

⑤紧急情况下的人员安全疏散;

⑥现场伤员抢救的基本知识。

2.演练

应急预案和应急计划确立后,经过有效的培训,公司总部人员、项目经理部每年演练一次。项目经理部在工程项目开工后演练一次,根据工程工期长短和项目经理部的情况不定期举行演练,施工作业人员变动较大时增加演练次数。每次演练结束,及时作出总结,对于存在的问题应在日后的应急演练中加以解决。

五、事故报告指定机构人员、联系电话以及相关工作职责

公司的工程技术部是事故报告的指定机构。联系人:×××,电话:××××××××××。工程技术部接到报告后应及时向总指挥报告,总指挥根据有关法规及时、如实向负责安全生产监督管理的部门、建设行政主管部门或其他有关部门报告,特种设备发生事故的,还应当同时向特种设备安全监督管理部门报告。

六、救援器材、设备、车辆等落实

公司每年从利润中提取一定比例的费用,根据公司施工生产的性质、特点以及应急救援工

作的实际需要，有针对、有选择地配备应急救援器材、设备，并对应急救援器材、设备进行经常性维护、保养，不得挪作他用。启动应急救援预案后，公司的机械设备、运输车辆统一纳入应急救援工作之中。

七、应急救援预案的启动、终止和终止后工作的恢复

当事故的评估预测达到启动应急救援预案条件时，由应急总指挥启动应急反应预案令。

对事故现场经过应急救援预案实施后，引起事故的危险源得到有效控制、消除；所有现场人员均得到清点；不存在其他影响应急救援预案终止的因素；应急救援行动已完全转化为社会公共救援；应急总指挥认为事故的发展状态必须终止的；应急总指挥下达应急终止令。

应急救援预案实施终止后，应采取有效措施防止事故扩大，保护事故现场和物证，经有关部门认可后可恢复施工生产。

对应急救援预案实施的全过程，认真科学地作出总结，完善应急救援预案中的不足和缺陷，为今后的预案完善、修改和补充提供经验和完善的依据。

第十三章

某基地工程的文明施工方案

第一节 工程概况

一、建筑概况

卫生间、厨房、沐浴室、洗衣房均为釉面砖防水墙面，网球馆、综合训练馆为专用墙面，其余房间均为刷乳胶漆墙面；地下室防水采用3＋4mm厚SBS防水卷材，厨房、卫生间、洗衣房、浴室为1.5mm厚水乳型氯丁橡胶改性沥青涂膜二道；外墙外贴60mm厚泡沫玻璃保温板，地下室顶板及房间外露墙面部分外墙贴100mm厚泡沫玻璃板保温层，地下室外墙贴60mm厚泡沫玻璃保温板；屋面防水层为3＋4mm厚SBS防水卷材，保温层为100mm厚泡沫玻璃保温板。1＃综合办公楼高度为35.100m，2＃训练馆为23.700m，3＃后勤中心为10.650m。内门有木制门、钢质门、防火门，外窗为塑钢中空玻璃推拉窗。室内地面1＃综合办公楼±0.000相当于绝对标高1513.290，2＃训练馆为1513.720，3＃后勤中心为1513.890。

二、结构概况

1＃综合办公楼为现浇钢筋混凝土框架—剪力墙结构，主楼基础为筏板基础，2＃训练馆、3＃后勤中心均为全现浇框架结构，基础均为桩基础。除钢筋混凝土墙体外，外墙为300mm厚、内墙为200mm厚加气混凝土砌块，M5混合砂浆砌筑；厨房卫生间内隔墙为200mm和100mm厚非承重烧结空心砖，M7.5水泥砂浆砌筑。

（一）施工场地条件

该工程建设地点位于××市高新区，××路南侧，××路东侧。地理位置优越，交通、通讯便利。

（二）工程特点

(1)工程计划于××年××月××日开工，××年××月××日竣工，工期紧张，因此对工期的控制要求高，施工组织必须严谨、合理。

(2)该工程要求施工期间必须将文明施工以及环境保护工作作为日常施工管理的主要控制点，最大限度地减少噪音排放及施工干扰，营造一个和谐的施工环境。

（三）施工平面布置

施工平面布置如图12－1所示。

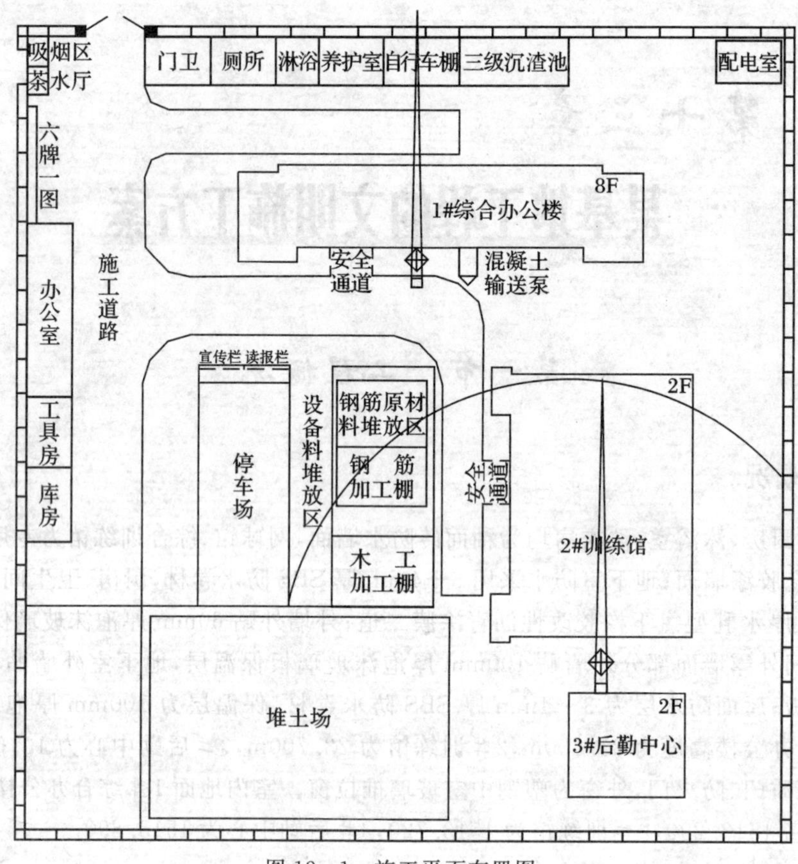

图 12-1　施工平面布置图

根据本工程实际情况，对施工现场进行合理布局。现场布置及道路交通充分利用现有的场地，并根据平面布局情况，合理布局周围环境。现场围墙严格按照规定执行，围墙采用红机砖砌筑；施工现场内进行全封闭管理，在施工现场北侧围墙靠西一侧设置大门，四周围墙全封闭，满足施工需要。如图 12-2、图 12-3 所示。

图 12-2　施工现场的大门

图 12-3　现场围墙

现场内布置主要机械、材料堆放、材料库房、安全保卫、临时道路、施工用水、用电等设施。现场施工、建设、监理等办公室设置在施工现场北侧外平地上，办公室为一层临时建筑。施工作业区、办公区、材料堆放区三区分开，满足安全文明施工要求。如图 12-4、图 12-5 所示。

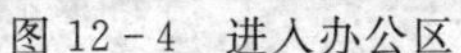
图 12-4　进入办公区

图 12-5　进入施工区

第二节　安全文明施工管理目标

一、职业健康安全目标

(1)创安全、文明施工优良工地,安全评分 85 分以上;

(2)项目安全管理档案资料收集齐全、完整;

(3)杜绝重伤和死亡事故;

(4)轻伤事故频率控制在 3‰以内;

(5)杜绝火灾事故发生;

(6)按照《关于文明施工(内部)标准》的通知和《建筑施工安全检查标准》(JGJ 59—2011)组织并实施,创省、市级“文明工地”。

二、环境管理目标

控制污染、节能降耗、保护环境,确保施工现场的噪音、污水和粉尘达标排放。

三、安全目标

(1)坚持贯彻“安全第一预防为主”的方针,实行层层安全责任制,建立健全项目部安全生产责任制,做到安全生产纵向到底,横向到边,人人负责。建立以项目经理为文明施工第一责任人的领导小组,技术负责人、施工员、专职安全员、材料员、专业电工及班组长为骨干参加管理,结合个人的管理能力和经验,有针对性地划分责任区,落实责任人,使得责权分明。不仅重视方案的策划,更重视方案的执行和可操作性。方案结合工程的实际情况对相关的目标进行分解,人人有目标,人人有责任区,挂牌管理。使得方案和制度从一开始就有可追溯性。避免了过去重制度、方案,轻落实的弊端。结合每月的绩效考核和个人的收入挂钩。确实做到平时人人自我主动管理,每月三旬十天综合检查一次,并进行记录,找出管理中的不足。对各项隐患的整改和排查彻底落实,克服了过去“要我管理”成为“我要管理”的良好势头。杜绝了以往只有安全员抓安全管理和文明施工,而其他管理人员轻视或不重视的管理现象。

(2)项目部认真编写切实可行的文明施工实施细则。依据《建设工程项目管理规范》(GB/

T 50326—2006)及《现场文明施工标准》编制出创建“文明工地”的规划和措施(安全技术措施、专项安全施工方案、文明施工的技术措施及施工现场总平面布置等),落实各种设施和资金的投入,并组织实施诚信管理,安全资金的流通运用透明,无论是从方案的落实还是安全资金的专款专用合同的履行都始终如一地体现“诚信”二字。应做到“能策划,承诺到就能做到”的原则,对项目全体职工灌输以诚信为本、诚信服务,以现场保市场为经营责任、经营文化、经营理念的管理思想。

(3)落实三级安全教育制度和安全生产检查制度。对工人进场前,先进行一次有关国家和地方有关安全的方针、政策、法规、标准、规范和企业规章制度培训教育(见图 12-6)。进而对个人进行工地安全制度、施工现场环境、工程施工特点及可能存在的不安全因素等进行培训教育。再次对本工种的安全操作规程、事故案例剖析、劳动纪律和岗位讲评等进行培训教育。在每道工序操作之前,由项目部组织对操作班组进行分部分项书面安全操作交底。施工员、专职质安员对操作人员进行书面和口头的安全技术交底。

图 12-6 对工人进行培训

进行抽查和操作过程中的检查。安全检查的主要内容如下:查思想、查管理、查制度、查作业面、查隐患、查整改落实。检查的主要形式有普遍检查、专业检查、季节性检查。着重做好日常工作中的三检查,即作业前检查、作业中检查、作业后检查,做到安全生产以预防为主,如进入现场必须戴安全帽,高空临边作业必须系安全带等。

第三节 分部分项工程安全技术措施

一、脚手架及安全防护专项施工方案

该工程主体结构施工阶段及外墙抹灰、外墙外保温施工、外墙面干挂和涂料施工均采用落地式双排脚手架进行。

建筑物外围搭设双排脚手架,密目网全封闭,随主体结构楼层施工的上升同步进行搭设,建筑物出入口安全通道上方搭设型钢定型加工的双层安全防护棚(见图 12-7、图 12-8)。洞口、临边搭设防护栏,并设置醒目标识,确保安全施工,将施工过程对周边环境和安全的影响降到最低限度。

(1)脚手架搭设人员经过按现行国家标准《特种作业人员安全技术培训考核管理规定》(安全监管总局令第 30 号)考核合格的专业架子工。上岗人员定期体检,合格者方可持证上岗。

(2)搭设脚手架人员全部佩戴安全帽、安全带、穿防滑鞋。

(3)脚手架的构配件质量与搭设质量,应按规定进行检查验收,合格后方可使用。

(4)脚手架的安全检查于维护,应按规定进行。安全网应按有关规定搭设或拆除。

(5)工地临时用电线路的架设及脚手架接地、避雷措施等,按现行行业标准《施工现场临时用电安全技术规范》(JGJ 46—2005)的有关规定执行,防雷装置的冲击接地电阻值不大于 30Ω。

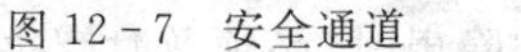
图 12-7　安全通道

图 12-8　周围搭设防护棚

二、钢筋施工安全措施

(1)钢筋加工时必须正确使用加工机械,严格按操作规程进行操作。

(2)钢筋堆放、运输时注意观察周围环境,在高压线附近吊运钢筋时必须采取措施,与高压线保持一定距离,防止发生触电伤人事故。

(3)吊运时保证钢筋捆绑牢固可靠,吊点位置合理,避免钢筋脱离伤人。

(4)钢筋堆放要整齐稳定,按规格分别堆放。见图 12-9。

图 12-9　钢筋堆放

(5)使用电动工具进行钢筋焊接、切割或其他操作时，电源线必须绝缘良好，不得有裸露线头。

(6)在高处绑扎钢筋和安装钢筋骨架时，必须搭设脚手架和马道。

(7)绑扎圈梁、挑梁、挑檐、外墙和边柱等钢筋时，搭设操作台架并作好相应防护措施。

(8)高空大梁钢筋的绑扎，在满铺脚手板的支架或操作平台上操作。

三、高处作业施工安全措施

凡在坠落高度基准面 2m 以上(含 2m)有可能坠落的高处进行的作业即为高处作业。

(1)高处作业施工前，由项目部专职安全员向高处作业人员进行安全技术教育及交底，落实所有安全技术措施和人身防护用品，未经落实时不得进行施工。

(2)施工中对高处作业的安全技术设施，发现有缺陷和隐患时，必须及时解决；危及人身安全时，必须停止作业。

(3)施工作业场所有坠落可能的物件，应一律先行撤除或加以固定。高处作业中所用的物料，均应堆放平稳，不妨碍通行和装卸。工具应随手放入工具袋。

(4)雨天和雪天进行高处作业时，项目部采取可靠的防滑、防寒和防冻措施。凡水、冰、霜、雪均及时清除。遇有六级以上强风、浓雾、雨雪等恶劣气候时，不进行悬空高处作业。

(5)作业必须临时拆除或变动安全防护设施时，必须经施工负责人同意，并采取了相应的可靠措施，作业立即恢复。

(6)防护棚搭设与拆除时，设警戒区并派专人监护。严禁上下同时拆除。

(7)临边高处作业安全防护措施如下：

①在未安装栏杆或栏板的阳台、料台与挑平台周边，雨篷与挑檐边，无外脚手架的屋面与楼层周边及水箱周边等处，都设置防护栏杆。

②楼梯口和梯段边，都安装了临时护栏。顶层楼梯口随工程结构进度安装正式防护栏杆。

③施工用电梯和脚手架等与建筑物通道的两侧边，必须设防护栏杆。地面通道上部装设安全防护棚。

④各种垂直运输接料平台，除两侧设防护栏杆外，平台口还设置活动防护栏杆。

⑤防护栏杆由上、下两道横杆及栏杆柱组成，上杆离地高度不得低于 1.0～1.2m，下杆离地高度为 0.5～0.6m，横杆长度大于 2m 时，都加设了栏杆柱。防护横杆及栏杆柱均采用中 48×3.5mm 钢管，用扣件连接固定。在栏杆下边设置严密固定的高度不低于 18cm 的档脚板，收料平台两侧的栏杆，自上而下满扎竹笆。

四、施工机具安全操作及防护措施

(1)现场的施工机械在进场后按照其技术性能的要求正确使用，不得违规操作。

(2)施工电梯、塔吊、物料提升机等大型机械设备在安装使用前，编制方案审核后，进行安装，经验收合格后，进行安全技术交底后，方准使用。

(3)各种机械设备必须进行安装验收，操作人员必须持证上岗，无操作证的人员不得操作机械设备。

(4)现场机械操作人员在工作前，对所使用的机械设备进行安全检查，严禁带病使用，严禁酒后操作。

五、施工现场安全用电

(1)该工程施工现场的临时用电从建设单位指定处引入现场配电室，然后由配电室规范地引入各施工用电设备上。为保证施工现场正常用电，保障施工现场安全用电，依据《施工现场临时用电安全技术规范》(JGJ 46—2005)，根据施工现场的具体情况及周边的特殊性进行现场施工用电设计，以便更好地指导施工现场安全用电，节约用电，文明用电。

(2)安全用电和电气防火是施工现场临时用电的核心，制定安全用电措施才能保证现场临时用电工程可靠运行和人身设备安全所。为此，施工现场成立安全用电领导小组，项目经理为组长，成员有项目工程师、主施工员、安全员、质量员、电工，每周对现场的施工用电进行一次检查，发现问题及时纠正。

(3)严格执行国家《建筑工程施工现场供电安全规范》(GB 50194—93)及《施工现场临时用电安全技术规范》(JGJ 46—2005)，加强对持证电工管理，精心组织施工用电的设计安装使用维护工作，作好安全用电运行记录。

(4)执行五线制用电要求，保证“一机、一闸，一漏，一箱，一保护”购置合格的电器配件，根据设备荷载情况，正确选择防止超载、边流、欠压、漏电的安全连锁保护装置。见图 12-10。

图 12-10　配电箱

六、现场消防措施

(1)严格遵守有关消防安全制度，制定有关消防保卫管理制度，完善消防设施，消除事故隐患。

(2)根据施工现场平面布置及施工情况配置八组灭火器，设置消防水箱，现场灭火器由专人负责，定期检查，保证随时可用，并作明显标识。

(3)坚持现场用火审批制度，操作岗位上禁止吸烟，对易燃、易爆物品使用要按规定执行，指定专人设库房分类管理。

(4)使用的电气设备都符合技术规范和操作规程，严格防火措施，确保施工安全，禁止违章作业。电箱上锁，围栏围挡。

(5)严格执行安全教育制度，新工人进场必须进行安全教育及防火教育。

(6)现场安全员负责全面的安全生产监督检查和指导工作，并坚持“谁施工谁负责安全”的原则，贯彻落实每项安全生产制度，确保安全生产目标的实现。

(7)坚持安全技术交底制度，层层进行安全技术交底，对分部、分项工程进行安全交底并作好记录，班长每班前进行安全交底，坚持每周的安全活动让操作人员掌握基本的安全技术和安全常识。

(8)施工现场电工、焊工从事电器设备安装和电气焊切割作业佩戴操作证和动火证。动火前，要清除附近易燃物，配备看火人员和灭火用具。

(9)施工材料的存放、保管符合防火安全要求，库房用非燃材料搭设。易燃易爆物品，分类单独存放，保持通风，用电符合防火规定。

(10)不准在现场随意焚烧建筑垃圾和生活垃圾，垃圾要集中起来及时运走。

七、文明施工措施

文明施工是一个系统工程，贯穿于项目施工管理的始终。它是施工现场综合管理水平的体现，涉及项目每一个人员的生产、生活及工作过程。因此在施工过程中，加强对现场所有施工人员的教育和管理，提高其文明施工及环境保护意识，创造良好的生产工作环境，并最大限度地减少施工所产生的噪声与环境污染，给职工创造一个良好的工作和生活环境。并且在夏天给职工提供足够的饮用水。见图 12－11。

图 12－11　良好的生活环境

1. 现场污水排放

(1)经市政部门批准后，施工污水排入市政污水管网，禁止未经沉淀处理的污水直接排入城市排水设施和河道、市政雨水管网。

(2)现场设水冲式厕所，位于现场南侧中部，专人定时打扫清理。厕所西侧设化粪池，厕所用水经化粪池处理后排入市政污水井。并定期对化粪池进行清理。见图 12－12。

图 12－12　施工现场的厕所

(3)现场搅拌砂浆的污水及运输车辆、强输送泵的冲洗的污水，先排入沉淀池，作到废水达标排放。

2. 现场施工清理

(1)现场道路用混凝土作硬化处理，并派专人进行现场洒水，防止灰尘飞扬，保护周边空气清洁。

(2)施工过程中，每楼层的施工垃圾分类装袋后集中堆放，并利用物料提升机将垃圾运至首层后外运。

(3)现场办公区域按一定间距摆放自制简易垃圾箱，用于收集垃圾，并及时将垃圾运出现场，经常保持现场的整洁。

3. 现场周边环境保护

(1)混凝土罐车撤离现场前，用水将下料斗及车身冲洗干净。

(2)由专人进行现场洒水,防止灰尘飞扬,保护周边空气清洁。

(3)工地门口有防止车辆车轮带泥沙出场设施,保证现场和周围环境整洁文明。

(4)所有油漆、涂料等均采用环保型。

(5)增加材料包装袋等的再次使用次数。

4.施工现场防噪声扰民

(1)人为噪声的控制。施工现场提倡文明施工,建立健全控制人为噪声的管理制度。尽量减少人为的大声喧哗,增强全体施工人员防噪声扰民的自觉意识。

(2)强噪声作业时间的控制。合理安排作业时间,在夜间避免进行噪音较大的工作,尽量压缩夜间混凝土浇筑的时间。

(3)强噪声机械的降噪措施。

①项目部选用低噪声或备有消声降噪声设备的施工机械。施工现场的强噪声机械(如搅拌机、电锯、砂轮机等)根据现场施工条件,所有机械放置在建筑物内部并砌筑墙体封闭(或设置封闭的机械篷),隔离噪声源,以减少强噪声的扩散。

②混凝土振捣时采用低噪音振捣棒,振捣时不得直接振捣在钢筋及模板上。

5.现场标识及对外宣传

(1)施工现场封闭管理,执行门卫登记制度,门卫值班室设在现场入口处,现场施工、建设、监理等办公室设于场地西侧区域。见图 12-13。整个工地 24 小时监控,确保财产安全。

图 12-13　值班室

(2)在施工现场大门门头设置企业标志,大门上书写公司统一标语。进入施工现场,现场施工人员要戴符合国标的安全帽,颜色符合公司文明施工统一标准,佩带胸卡。

(3)大门口布置门卫制度,在办公室按公司文明施工标准悬挂管理目标、岗位责任制等标牌,并经常保持办公室的干净整洁。

(4)施工现场的建筑材料、料具按总平面布置图布置。设备料堆放整齐并挂牌标识。散料砌池,材料立杆设栏。

(5)活动区搭设了自行车篷,设置乒乓球台、羽毛球场、茶水厅、吸烟区、淋浴室,茶水厅每天 24 小时供应开水,内设桌椅板凳,方便职工休息。淋浴室使用太阳能热水器,职工下班后随时可以冲澡。见图 12-14。

(1)停车场

(2)淋浴间

(3)乒乓球台

(4)羽毛球场

图 12-14　活动区

(6)按公司文件规定制作“五牌一图”,并放置在现场西侧。在现场内设报栏、宣传栏等,传达外界信息及企业形象。另外在施工现场外架、施工道路等处设立宣传标语、彩旗,宣传企业文化,提高企业形象。见图 12-5。

(1)公示牌

(2)警示牌

图 12-15　公示牌和警示牌

(7)在办公区围墙制作施工作业人员安全操作挂图。对于施工中人的不安全行为、物的不安全状态、作业环境的不安全因素和管理缺陷,进行相应的安全控制是项目部在整个工程中自始至终的重点。

参考文献

[1]《现场安全员山岗位通》编委会. 现场安全员岗位通[M]. 北京:北京交通大学出版社,2009.
[2] 张希舜. 建筑工程安全文明施工组织设计[M]. 北京:中国建筑工业出版社,2009.
[3] 侯永利. 建筑工程施工组织与管理[M]. 南京:江苏科学技术出版社,2013.
[4] 毕星. 项目管理[M]. 北京:清华大学出版社,2011.
[5] 姚谨英. 建筑施工技术[M]. 北京:中国建筑工业出版社,2012.
[6] 曲向荣. 环境保护与可持续发展[M]. 北京:清华大学出版社,2010.
[7] 王凯雄,童裳伦. 环境监测[M]. 北京:化学工业出版社,2011.
[8] 徐波. 中国环境产业发展模式研究[M]. 北京:科学出版社,2010.

图书在版编目(CIP)数据

文明施工与环境保护/刘亚龙等编著. —西安:西安交通大学出版社,2014.12
高职高专“十二五”建筑及工程管理类专业系列规划教材
ISBN 978-7-5605-6881-2

Ⅰ.①文… Ⅱ.①刘… Ⅲ.①建筑工程-工程施工-安全技术-高等职业教育-教材 ②建筑工程-环境保护-工程验收-高等职业教育-教材 Ⅳ.①TU714 ②TU712 ③X799.1

中国版本图书馆 CIP 数据核字(2014)第 285274 号

书　　名	文明施工与环境保护
编　　著	刘亚龙　等
责任编辑	祝翠华
出版发行	西安交通大学出版社 (西安市兴庆南路 10 号　邮政编码 710049)
网　　址	http://www.xjtupress.com
电　　话	(029)82668357　82667874(发行中心) (029)82668315　82669096(总编办)
传　　真	(029)82668280
印　　刷	陕西丰源印务有限公司
开　　本	787mm×1092mm　1/16　　**印张** 10.125　　**字数** 240 千字
版次印次	2015 年 1 月第 1 版　　2015 年 1 月第 1 次印刷
书　　号	ISBN 978-7-5605-6881-2/TU·136
定　　价	24.80 元

读者购书、书店添货,如发现印装质量问题,请与本社发行中心联系、调换。
订购热线:(029)82665248　(029)82665249
投稿热线:(029)82668133　(029)82665375
读者信箱:xj_rwjg@126.com

高职高专“十二五”建筑及工程管理类专业系列规划教材

> 建筑设计类

(1)素描
(2)色彩
(3)构成
(4)人体工程学
(5)画法几何与阴影透视
(6)3dsMAX
(7)Photoshop
(8)CorelDraw
(9)Lightscape
(10)建筑物理
(11)建筑初步
(12)建筑模型制作
(13)建筑设计原理
(14)中外建筑史
(15)建筑结构设计
(16)室内设计基础
(17)手绘效果图表现技法
(18)建筑装饰设计
(19)建筑装饰制图
(20)建筑装饰材料
(21)建筑装饰构造
(22)建筑装饰工程项目管理
(23)建筑装饰施工组织与管理
(24)建筑装饰施工技术
(25)建筑装饰工程概预算
(26)居住建筑设计
(27)公共建筑设计
(28)工业建筑设计
(29)城市规划原理

> 土建施工类

(1)建筑工程制图与识图
(2)建筑识图与构造
(3)建筑材料
(4)建筑工程测量
(5)建筑力学
(6)建筑 CAD
(7)工程经济
(8)钢筋混凝土与砌体结构
(9)房屋建筑学
(10)土力学与基础工程
(11)建筑设备
(12)建筑结构
(13)建筑施工技术
(14)土木工程施工技术
(15)建筑工程计量与计价
(16)钢结构识图
(17)建设工程概论
(18)建筑工程项目管理
(19)建筑工程概预算
(20)建筑施工组织与管理
(21)高层建筑施工
(22)建设工程监理概论
(23)建设工程合同管理
(24)工程材料试验
(25)无机胶凝材料项目化教程

> 建筑设备类

(1)电工基础
(2)电子技术基础
(3)流体力学
(4)热工学基础
(5)自动控制原理
(6)单片机原理及其应用
(7)PLC 应用技术
(8)电机与拖动基础
(9)建筑弱电技术
(10)建筑设备
(11)建筑电气控制技术

(12)建筑电气施工技术
(13)建筑供电与照明系统
(14)建筑给排水工程
(15)楼宇智能化技术

> 工程管理类

(1)建设工程概论
(2)建筑工程项目管理
(3)建筑工程概预算
(4)建筑法规
(5)建设工程招投标与合同管理
(6)工程造价
(7)建筑工程定额与预算
(8)建筑设备安装
(9)建筑工程资料管理
(10)建筑工程质量与安全管理
(11)建筑工程管理
(12)建筑装饰工程预算
(13)安装工程概预算
(14)工程造价案例分析与实务
(15)建筑工程经济与管理
(16)建筑企业管理
(17)建筑工程预算电算化

> 房地产类

(1)房地产开发与经营
(2)房地产估价
(3)房地产经济学
(4)房地产市场调查
(5)房地产市场营销策划
(6)房地产经纪
(7)房地产测绘
(8)房地产基本制度与政策
(9)房地产金融
(10)房地产开发企业会计
(11)房地产投资分析
(12)房地产项目管理
(13)房地产项目策划
(14)物业管理

欢迎各位老师联系投稿!

联系人:祝翠华
手机:13572026447　办公电话:029－82665375
电子邮件:zhu_cuihua@163.com　37209887@qq.com
QQ:37209887(加为好友时请注明"教材编写"等字样)